1

SESI SÃO PAULO

Departamento Regional de São Paulo

Presidente
Paulo Skaf

Superintendente do SESI-SP
Alexandre Ribeiro Meyer Pflug

Diretor Superintendente Corporativo
Igor Barenboim

Gerência Executiva de Educação
Roberto Xavier Augusto Filho

Gerência Executiva de Cultura
Débora Viana

Gerência Executiva de Esporte e Promoção da Saúde
Eduardo Augusto Carreiro

Gerência Executiva de Operações
Roberta Salles Mendes

Dados Internacionais de Catalogação na Publicação (CIP)

Minhós, Isabel.
Aqui dentro : guia para descobrir o cérebro. / Isabel Minhós, Maria Pedrosa, Madalena Matoso. – São Paulo : SESI-SP Editora, 2018.

368 p. : il.

ISBN 978-85-504-0734-0

1. Anatomia Humana 2. Cérebro 3. Sistema Nervoso Central I. Pedrosa, Maria. II. Matoso, Madalena. III.Título.

CDD: 611.81

Índices para Catálogo Sistemático
1. Sistema Nervoso Central : Cérebro
2. Cérebro : Sistema Nervoso Central

Bibliotecária responsável: Enisete Malaquias CRB-8 5821

SESI-SP editora

Gerência de produção editorial e gráfica: Caroline Mori Ferreira
Edição: Monalisa Neves
Preparação: Livia Deorsola
Revisão: Esther Levy e Cláudia Colognori
Produção gráfica: Rafael Zemantauskas, Sirlene Nascimento e Vanessa Lopes dos Santos
Ilustrações e design gráfico: Madalena Matoso
Diagramação: Globaltec Editora

Revisão técnica:
AFINAL, O QUE HÁ AQUI DENTRO?: Ana Rita Fonseca, Ana Valverde e Dina Mendonça
CRESCIMENTO: Ana Rita Fonseca e Joana Rato
SENTIDOS: Ana Valverde e Patrícia Correia
APRENDIZAGEM: Joana Rato e Patrícia Correia
MEMÓRIA: Joana Rato e Patrícia Correia
CONSCIÊNCIA: Dina Mendonça e Ana Rita Fonseca
CORPO/AÇÃO: Ana Rita Fonseca e Ana Valverde
EMOÇÕES: Dina Mendonça e Joana Rato
EU E OS OUTROS: Dina Mendonça e Joana Rato
CRIATIVIDADE: Patrícia Correia e Paulo Pires do Vale
EXPERIÊNCIA ESTÉTICA: Ana Rita Fonseca, Patrícia Correia e Paulo Pires do Vale
O CÉREBRO DOS ANIMAIS: Ana Rita Fonseca
FATOS E MITOS: Joana Rato
HISTÓRIA: Ana Valverde e Dina Mendonça
MAPAS DO CÉREBRO E DO NEURÔNIO: Patrícia Correia e Ana Valverde

REPÚBLICA PORTUGUESA
CULTURA
DIREÇÃO-GERAL DO LIVRO, DOS ARQUIVOS E DAS BIBLIOTECAS

SESI-SP Editora
Avenida Paulista, 1.313, 4º andar
01311-923, São Paulo - SP
Tel. 11 3146-7308
editora@sesisenaisp.org.br
www.sesispeditora.com.br

AQUI DENTRO

GUIA PARA DESCOBRIR O CÉREBRO

ISABEL MINHÓS MARTINS
MARIA MANUEL PEDROSA

MADALENA MATOSO

SESI-SP editora

Por que decidimos fazer este livro?

Mas o que poderia ser este *Aqui dentro*? Um livro sobre o corpo humano? Sobre os segredos do centro da Terra? Com atividades para fazer dentro de casa? Todas essas seriam hipóteses possíveis. A que nos entusiasmou mais, porém, foi a possibilidade de criar um livro dedicado ao cérebro que nos fizesse mergulhar no mundo dos pensamentos, das emoções, da memória ou da aprendizagem e nos ajudasse a entender um pouco melhor este lugar extraordinário onde moramos e que nos permite sentir, lembrar, aprender, comparar, decidir, agir, criar... (os verbos são infinitos e não sairíamos daqui).

Como é comum acontecer com alguns exploradores, não conhecíamos o vasto mundo que tínhamos pela frente nem fazíamos ideia das surpresas que surgiriam ao longo do caminho. Dentro da mochila trazíamos apenas a curiosidade e a motivação necessárias para encontrar algumas respostas, e por isso foi um pouco às cegas, em direção ao infinito (quando pensamos no cérebro é esta a sensação que temos), que partimos, construindo o mapa e o caminho, à medida que avançávamos na viagem.

10 ideias para pensar

Aqui dentro você tem um cérebro.
Mas você só sabe que tem um cérebro porque
você tem um cérebro aqui dentro.

Cada cérebro absorve a vida de outros cérebros que podem estar perto (um amigo) ou longe (o autor de um livro que você esteja lendo e que viveu há 100 anos, do outro lado do mundo).

De manhã até à noite, o cérebro faz previsões
e tenta adivinhar o futuro.

**O cérebro conversa continuamente com o corpo.
O corpo conversa continuamente com o cérebro.**

Da mesma forma que as suas experiências são únicas, o seu cérebro é único. Você é único.

Os cinco sentidos nos trazem apenas uma ínfima parte do mundo. Lá fora há um mundo invisível que os nossos sentidos não conseguem captar.

As emoções são informações preciosas que sentimos na pele, no coração, bem aqui dentro. Sentir é perceber melhor.

(Mas nem sempre é fácil; ler emoções também tem suas manhas!)

Você é tudo o que aprende.
Você é o que recorda. A sua memória é você.

No cérebro trava-se a todo momento uma luta feroz entre o momento presente e o futuro: ataco a geladeira ou o livro de ciências?

O cérebro é plástico como uma massa de modelar. Todas as experiências da vida ajudam a moldá-lo: cada amigo, cada música, cada livro, cada desafio.

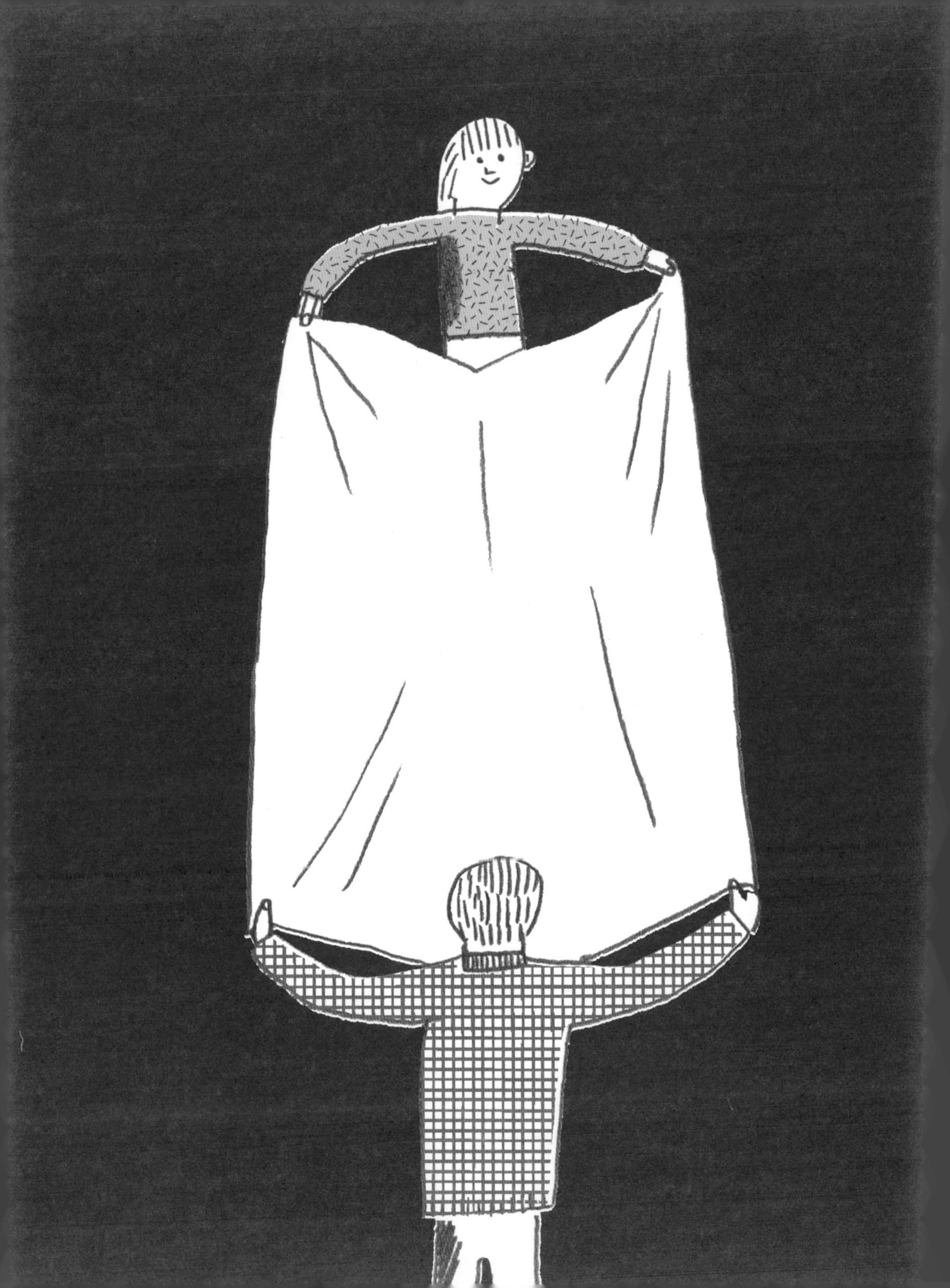

AFINAL, O QUE HÁ AQUI DENTRO?

O cérebro: um especialista
em trabalhar em conjunto,
em poupar tempo e energia.

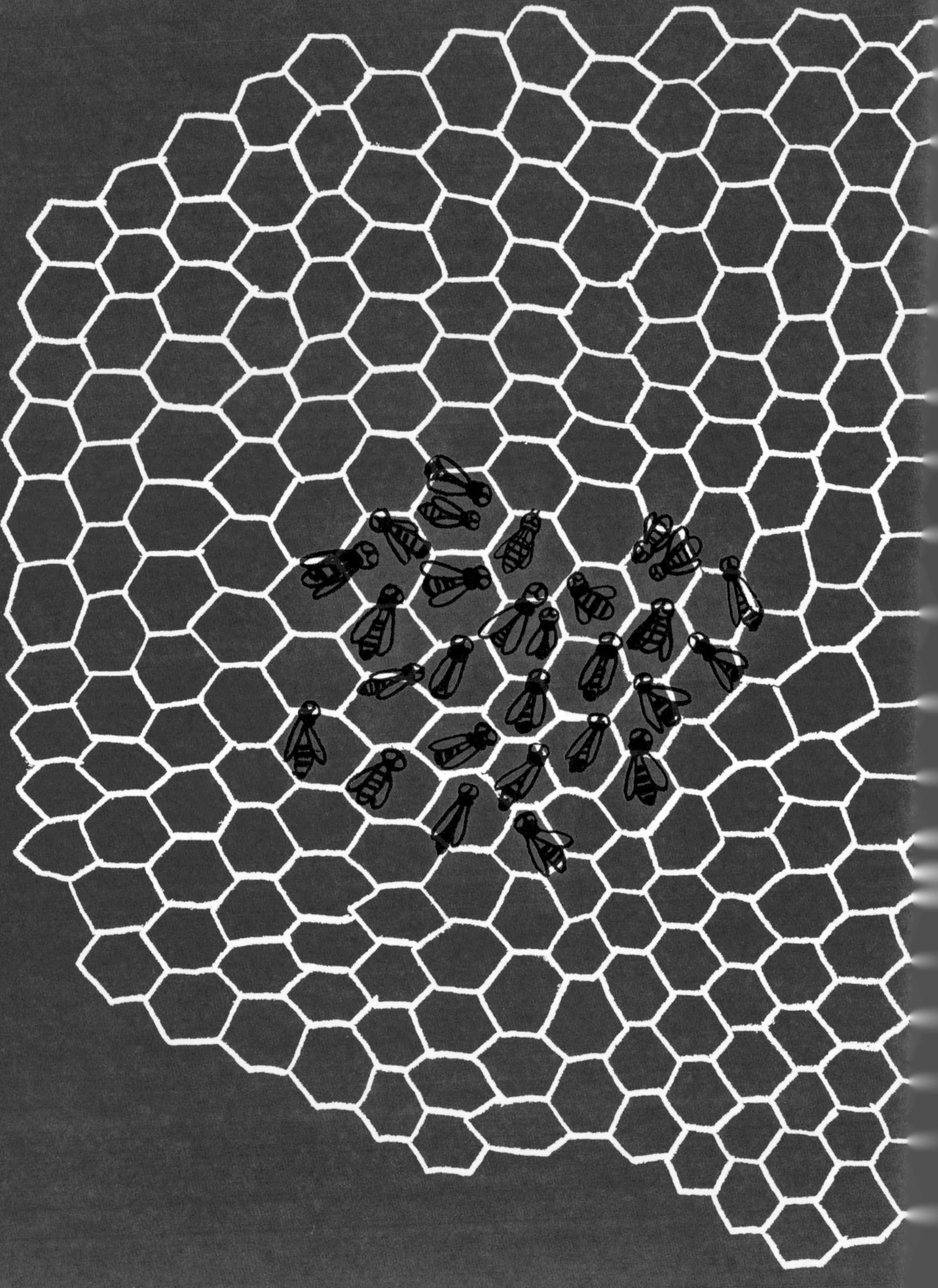

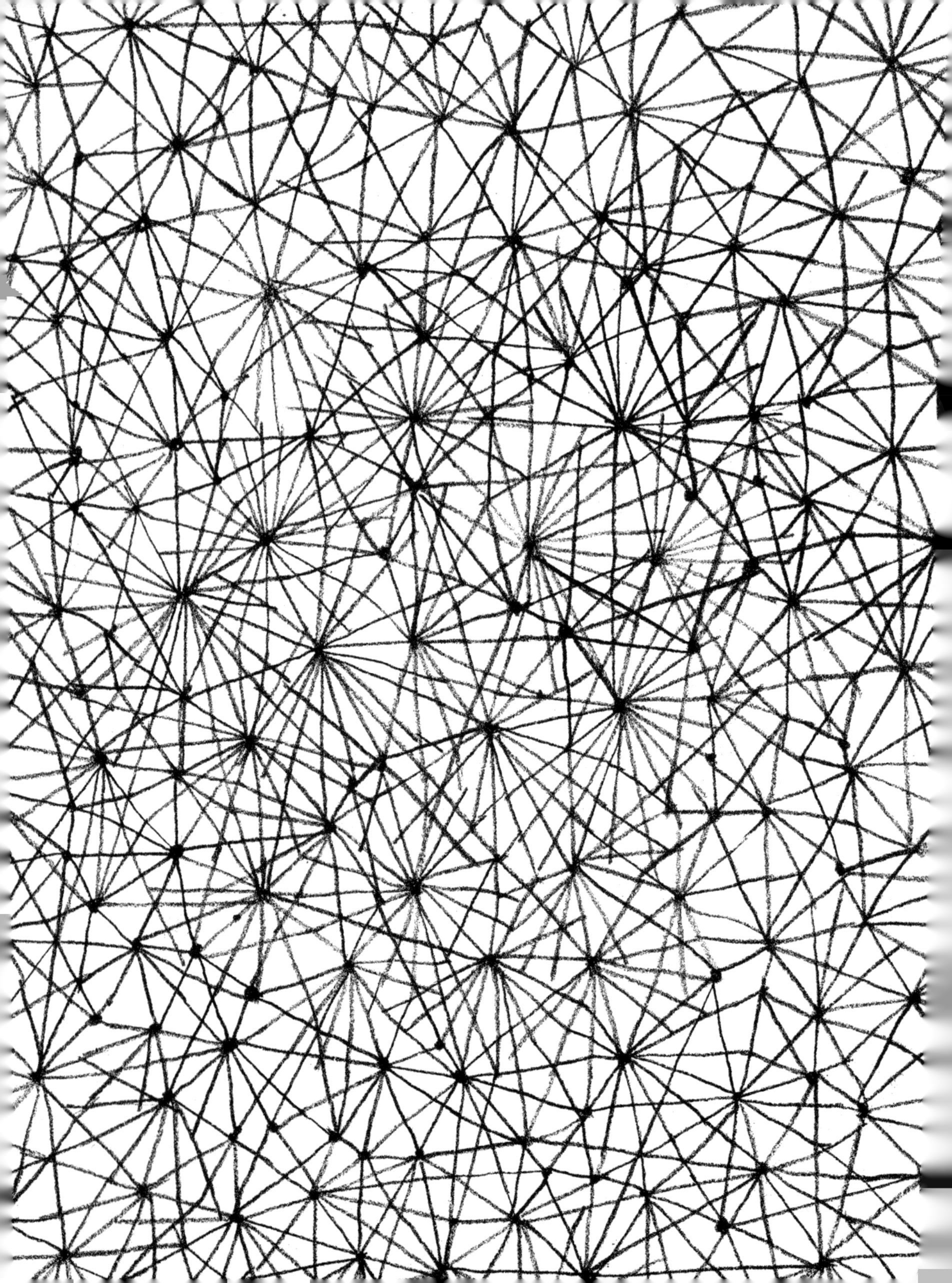

Afinal, o que há *aqui dentro*?

Os cientistas consideram o cérebro uma das estruturas mais complexas e misteriosas do universo. Lá dentro, e segundo as últimas contas, existem cerca de 86.000.000.000 de células chamadas neurônios (é melhor colocarmos isso por extenso: 86 bilhões de neurônios), muito mais do que o número de pessoas que habitam o nosso planeta, que são cerca de 7.600.000.000 (sete bilhões e seiscentos milhões).

Mas não são só bilhões de células, são também trilhões de ligações entre elas, pois de cada neurônio podem partir milhares de caminhos diferentes, num total de 160 mil quilômetros de fibras nervosas! Uma rede gigante de comunicação em todas as direções.

Se você gosta de comparações, e para perceber melhor a dimensão das coisas, vai gostar desta: se ligássemos os neurônios uns aos outros, todos em fila indiana, conseguiríamos fazer uma estrada de 860 quilômetros. É essa a dimensão do que você tem dentro da cabeça. Não importa se você se sente pouco inspirado ou muito brilhante.

Se pensarmos bem (cá estamos, usando o cérebro), não deixa de ser irônico (e até cômico) que o órgão que faz de nós aquilo que somos – seres que pensam, dançam, inventam, que se comovem e choram ou que são capazes de dar boas gargalhadas –, o órgão responsável por tudo isso, seja uma massa esquisita e acinzentada, enrolada como uma noz e com textura próxima à de um cogumelo: um cérebro. Mais precisamente cerca de 1 quilo e 300 gramas de cérebro.

No cérebro temos um total de 160 mil quilômetros de estradas entre neurônios! Imagine a quantidade de pensamentos diferentes que podemos ter. É difícil imaginar? Pense na quantidade de ligações que você tem à sua disposição e talvez já não fique tão difícil…

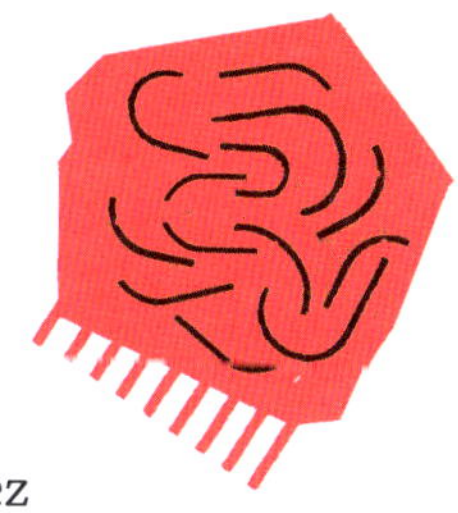

Que paisagem tão bonita e ondulada

Se organizássemos uma expedição ao cérebro (e talvez esse dia chegue), ficaríamos espantados com a paisagem que iríamos encontrar lá. Não planícies a perder de vista, montanhas imponentes, mas apenas sulcos e mais sulcos. E por que tantas rugas? Porque – é fácil de comprovar – uma superfície sulcada nos permite ter mais superfície disponível, poupando espaço: se você dobrar e enrolar uma folha várias vezes, ficará com mais espaço na sua mesa para ter muitas outras folhas. Se cada folha corresponder a uma zona do cérebro onde você armazena informação, poderá ter muito mais folhas disponíveis e, portanto, um cérebro com muito mais informação.

O que é que nos fez evoluir assim?

Quando nos tornamos bípedes, no início da evolução humana, há 1,9 milhão de anos, aconteceu uma revolução. A partir do momento que deixamos de precisar das mãos para andar, o polegar humano foi progressivamente tornando-se mais longo, dando origem a um polegar opositor (que toca no dedo indicador e faz movimentos em forma de pinça). Está aqui uma das chaves do nosso sucesso. Com um polegar assim pudemos criar e usar ferramentas e fazer movimentos muito mais delicados.

Depois foi um caso de interação (de cá para lá; de lá para cá) e de muitas experiências: mais habilidade dos dedos conduziu ao desenvolvimento do cérebro; por outro lado, um cérebro cada vez mais desenvolvido tornou os nossos dedos cada vez mais habilidosos e inventivos.

Só com dois pés... e de mãos dadas, claro

Um outro aspecto muito importante para a evolução humana foi a vida em grupo. Ao contrário de muitas outras espécies que nascem preparadas para ter uma vida independente pouco depois do nasci-

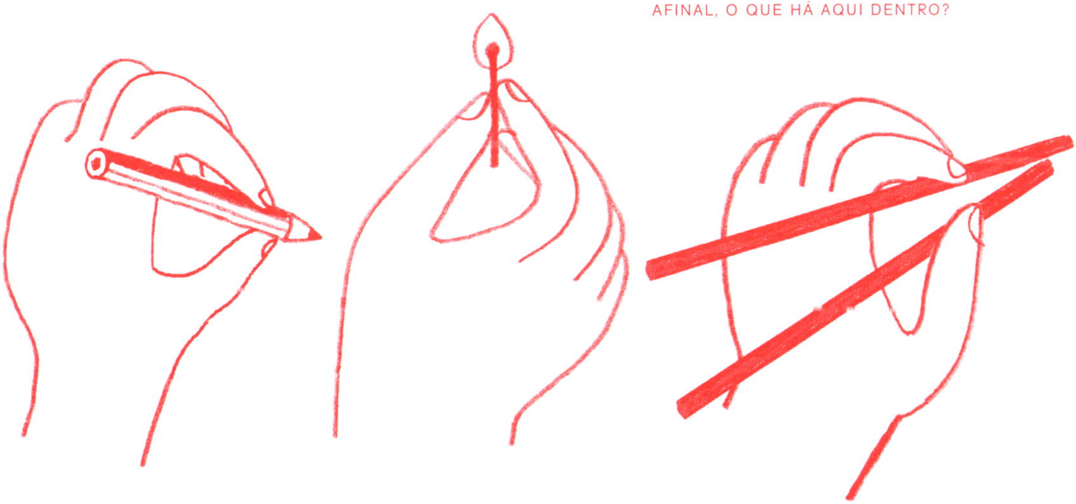

mento, nós, humanos, nascemos com um cérebro incompleto, que precisa interagir com os outros cérebros para se desenvolver plenamente. Acredita-se que é por isso que somos também mais dependentes de outros seres humanos e dos estímulos culturais e sociais que a vida em grupo proporciona.

A vida com os outros tem suas alegrias e vantagens, mas, como todos sabemos, nem sempre é fácil... O que é muito curioso é que foram precisamente essas dificuldades que nos fizeram evoluir!
Pensemos, por exemplo, nas dificuldades que podem surgir quando temos de nos organizar com colegas para fazer um trabalho em grupo. É preciso um cérebro muito desenvolvido e complexo, não só para fazer o trabalho (criar a estrutura, organizar a pesquisa, atribuir tarefas, planificar, cumprir um calendário), mas também para ler as emoções e as intenções dos outros, para manter o grupo unido e motivado sem ninguém ficar muito contrariado...

SOMOS UM CÉREBRO SOCIAL

O cérebro precisa dos outros cérebros para evoluir. É a troca de ideias, a empatia e a colaboração que nos fazem evoluir como seres humanos.

E o que aconteceu no cérebro durante essa evolução?

Cresceu, claro! Nos últimos 3 milhões de anos, o tamanho do cérebro triplicou em relação ao restante do grupo dos primatas,[1] ao qual pertencemos: de um peso de 450 gramas, passamos para cerca de 1300 gramas, o nosso cérebro atual. Sabe-se o porquê: o fato de exigirmos mais do nosso cérebro o fez crescer.

1) Do qual fazem parte chimpanzés, orangotangos e gorilas.

No ser humano há uma parte do cérebro que se desenvolveu mais, precisamente a parte responsável pela nossa capacidade de raciocínio: o córtex cerebral, a camada rugosa exterior, com 2 a 4 milímetros de espessura.

Os cientistas conseguiram ainda perceber que as áreas que mais cresceram dentro do córtex foram as chamadas áreas de associação, que integram e relacionam a informação de outras áreas e que usamos nas funções cognitivas superiores: tanto para resolver uma fórmula química como para algo aparentemente tão simples quanto preparar a mochila para as férias.

O aumento do córtex significou igualmente um aumento de neurônios: só no córtex trabalham 16 bilhões, o que faz de nós os seres com mais neurônios no córtex cerebral!

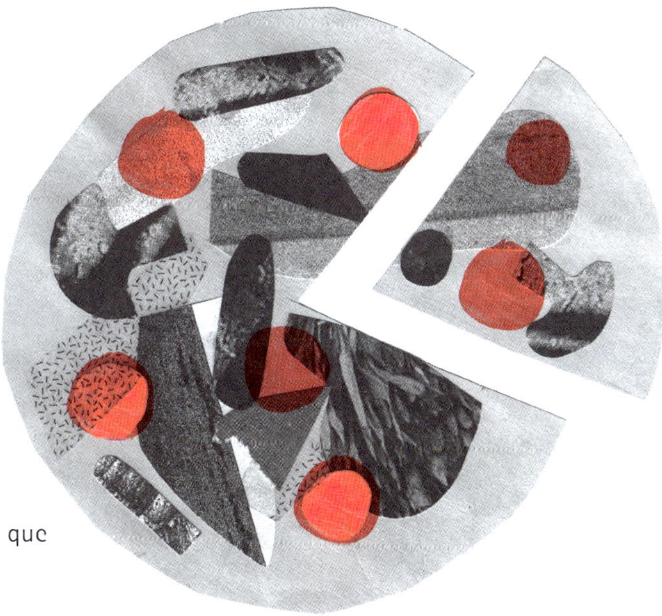

O cérebro pesa apenas
2% do nosso peso total,
mas consome um quinto
da energia que ingerimos
através dos alimentos!
Ou seja, de um total de
2500 calorias diárias de que
o corpo adulto necessita
para funcionar bem,
500 são para o cérebro.
Nham, nham...

Fogo, cozinha e neurônios – um trio vencedor

Mas por que nosso cérebro cresceu mais que o dos nossos familiares primatas e por que nós temos mais neurônios no córtex cerebral? Alguns cientistas avançam com a seguinte possibilidade: pudemos nos dar ao luxo de aumentar o número de neurônios porque inventamos a cozinha.

Pelo fato de começarmos a cozinhar os alimentos — que se tornaram mais fáceis de mastigar (basta pensar na carne ou no peixe) — foi possível ingerir mais calorias em menos tempo do que se nos alimentássemos apenas de alimentos crus, comparando com os restantes primatas. Portanto, conseguimos alimentar melhor não só o nosso corpo como também o nosso cérebro guloso.

E SE TIVÉSSEMOS DE IR À PROCURA DE ALIMENTOS CRUS?

Os primatas gastam 8,5 horas por dia alimentando o corpo e o cérebro. A cientista Susana Herculano Houzel — que acredita na vantagem que a cozinha trouxe para a evolução do cérebro humano — contou o tempo que um adulto humano (com uma média de 60-70 quilos e seus 86 bilhões de neurônios) levaria para se alimentar se tivesse, tal como um primata, de ir buscar energia apenas em alimentos crus, e concluiu que seriam mais de nove horas! Restaria, assim, pouco tempo para nos ocuparmos com atividades mais complexas (estudar, trabalhar, brincar etc.).

Todos os nossos
neurônios juntos
(os tais 86 bilhões)
produzem eletricidade
suficiente
para acender uma
lâmpada de 60 watts.

O cérebro humano leva 25 anos para ficar maduro

O homem é o ser vivo que depende por mais tempo dos seus progenitores: basta pensarmos que o córtex pré-frontal só amadurece completamente por volta dos 24 anos! Mas, ao contrário do que poderíamos supor, essa dependência faz com que tenhamos mais tempo para dar oportunidades de aprendizagem ao cérebro e reforçar as ligações entre neurônios. Essa aparente desvantagem face ao restante dos mamíferos acaba por ser o segredo para o nosso cérebro poder evoluir de forma tão rica e complexa.

O cérebro evoluiu ao longo de 3 milhões de anos
e evolui ao longo da vida de cada um de nós.

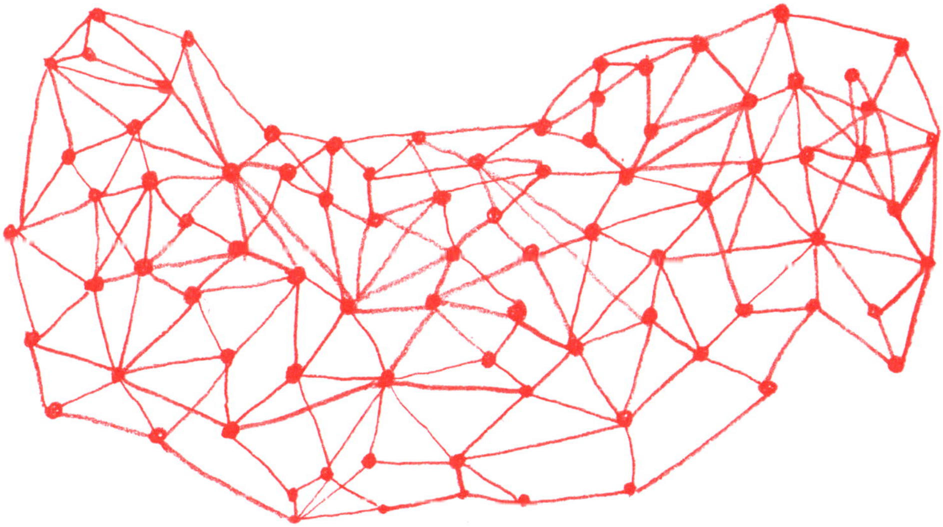

É possível ver um pensamento? ouvi-lo? registrá-lo?

Um pensamento é uma coisa abstrata. Nunca ninguém viu nenhum. Pode-se descrevê-lo. Desenhá-lo. Transformá-lo em música ou num esquema com muitas setas... Mas não é algo palpável.

No entanto, os cientistas que estudam o cérebro sabem que, apesar de abstrato, um pensamento tem uma realidade física, não é um fantasma sem explicação. Então o que acontece dentro do cérebro para um pensamento poder acontecer?

Se os neurônios são como interruptores que transmitem mensagens que, por sua vez, geram ações, raciocínios, memórias — quer você perceba isso ou não —, podemos nos arriscar a dizer que um pensamento corresponde a centenas (milhares?) de impulsos eletroquímicos.[2]

Mas é difícil compreender como é que os nossos pensamentos e comportamentos podem ter origem em neurônios e substâncias químicas que atuam em conjunto. Acontece que o segredo está precisamente aí: na palavra CONJUNTO.

2) O que serão? Para você saber mais, consulte o Mapa do neurônio, no final do livro (p. 348).

O que conta? O esforço coletivo da equipe

Muitos cientistas comparam o cérebro a computadores, bibliotecas ou grandes cidades. Mas há também quem compare o seu funcionamento a um ninho de cupins (uma espécie de formiga construtora).

Juntos, os cupins são capazes de fazer construções incríveis, redes imensas de túneis. E o mais legal é que trabalham em equipe sem terem um projeto comum que seja conhecido por todos (mas que existe, existe!), ou seja, sem terem um mapa para se orientarem. Tal como essas formigas, onde é que os neurônios encontram as indicações que lhes permitem agir e atingir um objetivo comum?

O segredo não está num neurônio em si, mas no esforço coletivo de todos. Através de sinais químicos (também chamados neurotransmissores) e sinais elétricos que usam para se comunicar entre si, todos sabem exatamente o que fazer. É por isso que não vale a pena procurar a origem da informação ou do conhecimento em um neurônio; é melhor observar a rede trabalhando em conjunto.

Não é tanto o número incrível de neurônios que temos o que interessa, e sim o que eles conseguem fazer estando ligados entre si.
É essa ligação que dá vida ao cérebro!

CRESCIMENTO

O cérebro nasce incompleto, inacabado,
mas preparado para se autoconstruir.
Você faz parte dessa construção.

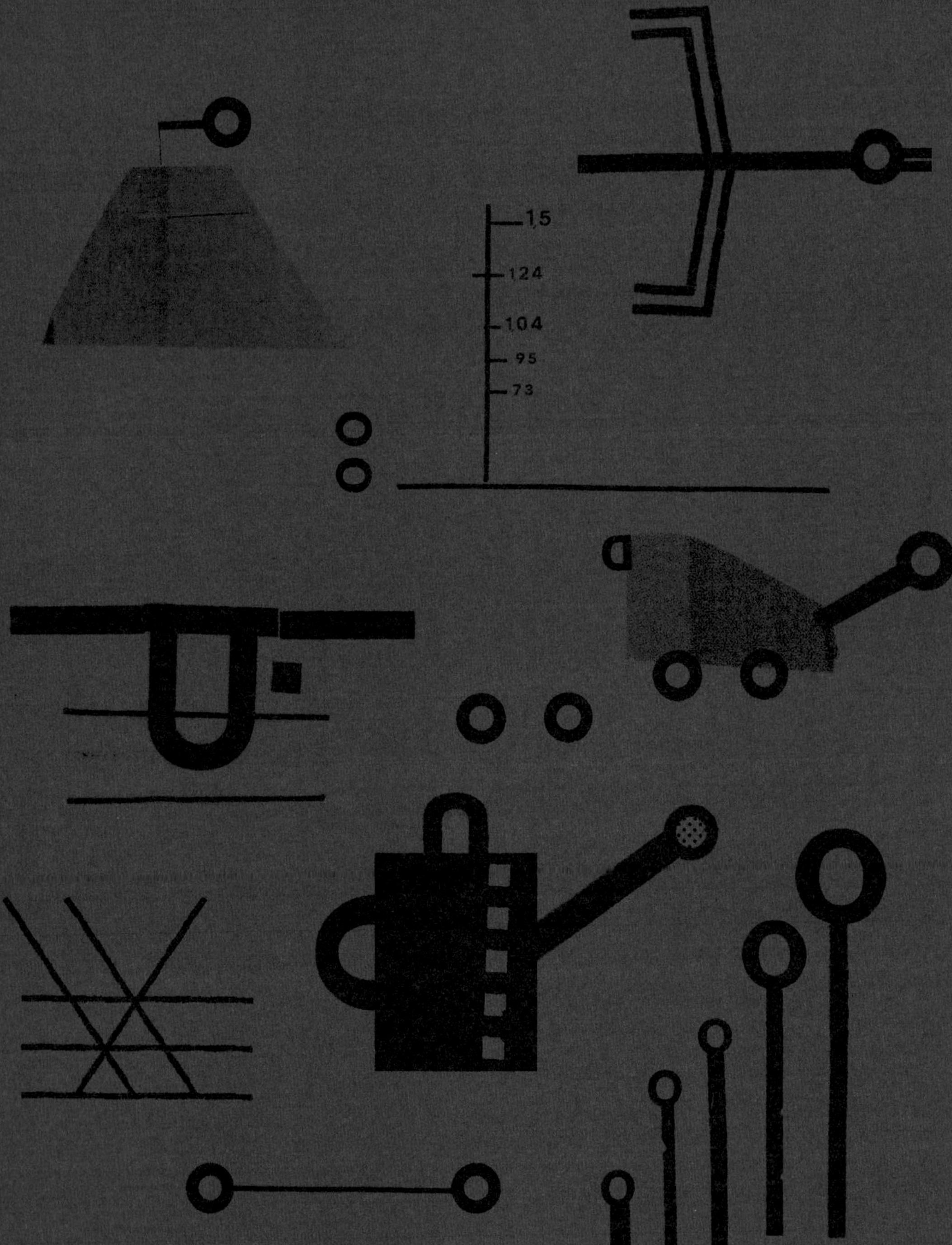
1,5
124
104
95
73

A vida de um cérebro à velocidade da luz

Desde que nascemos até o momento em que morremos, o nosso cérebro muda de um modo impressionante. Até agora os cientistas só conhecem parte das paragens e das peripécias que acontecem nessa viagem, mas uma coisa é certa: o cérebro evolui sempre e trabalha de forma diferente quando somos crianças, quando somos adolescentes e quando somos adultos.

Prepare-se para a construção do equipamento mais complexo da face da Terra...

ANTES DO NASCIMENTO
(ou "O início dos inícios")

O início do desenvolvimento do cérebro começa na barriga da mãe, quando o embrião tem 16 dias de vida, a partir de uma estrutura chamada tubo neural **(1)**. A zona do topo **(A)** vai dar origem ao cérebro propriamente dito, graças a células-mãe[3] que aqui se localizam e que vão fabricar os milhares de milhões de neurônios e outras células cerebrais; na zona caudal **(B)** irá se formar o cerebelo (encarregado de coordenar os nossos movimentos) e a medula espinal **(C)**, responsável por levar os impulsos nervosos a todo o corpo.

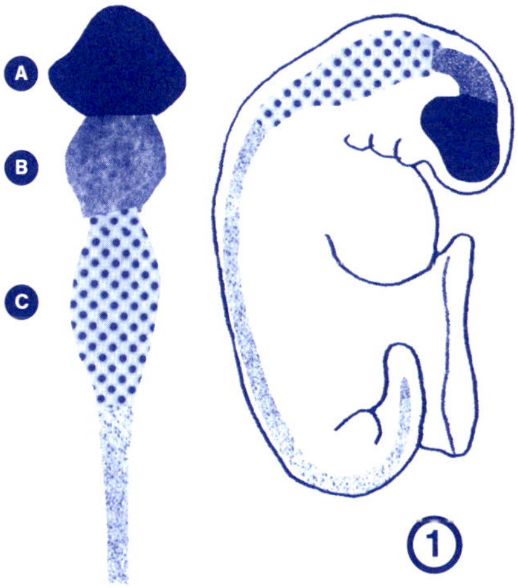

①

Na quarta semana, a produção de neurônios pode alcançar velocidades estonteantes: 250 mil por minuto, o sonho de qualquer fábrica de sorvetes! Próxima missão: ligar os neurônios uns aos outros para o cérebro começar a funcionar.

Até a 24ª semana, o tubo neural vai continuar a se subdividir para criar as diferentes regiões do cérebro **(2)**.

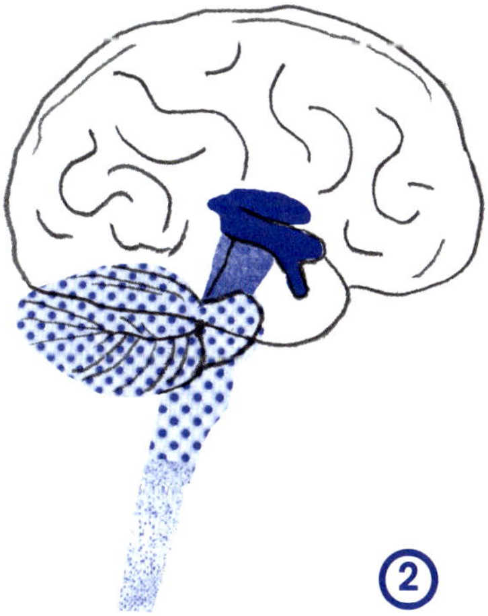

②

3) Células que podem transformar qualquer tipo de célula.

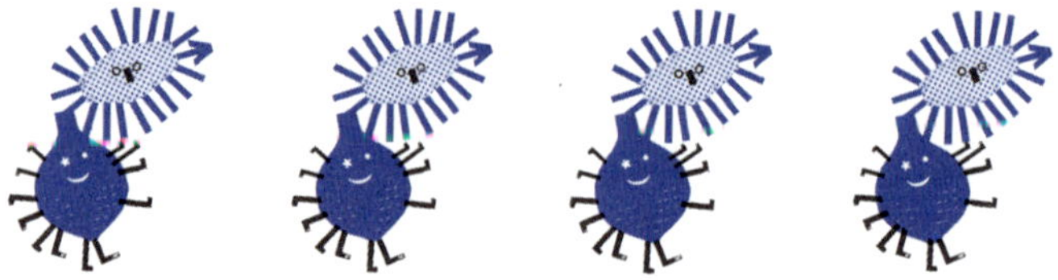

UM NEURÔNIO NUNCA SE EMBARALHA

Durante a construção do cérebro, os neurônios parecem levar consigo um GPS e uma planta muito detalhada do edifício a ser construído: camada por camada, do centro para fora, como uma cebola, perfazendo seis camadas de córtex no total.
Cada neurônio sabe o caminho que tem de percorrer até o local onde vai assumir o seu posto de trabalho. Mas não vai sozinho. Pega carona com as glias, as células auxiliares que o conduzem a alta velocidade para o seu local de trabalho. Como você vê, nada aqui é por acaso. Esse processo se chama "migração", porque as células viajam por ondas, aos milhões, todos os dias. Uma verdadeira odisseia!

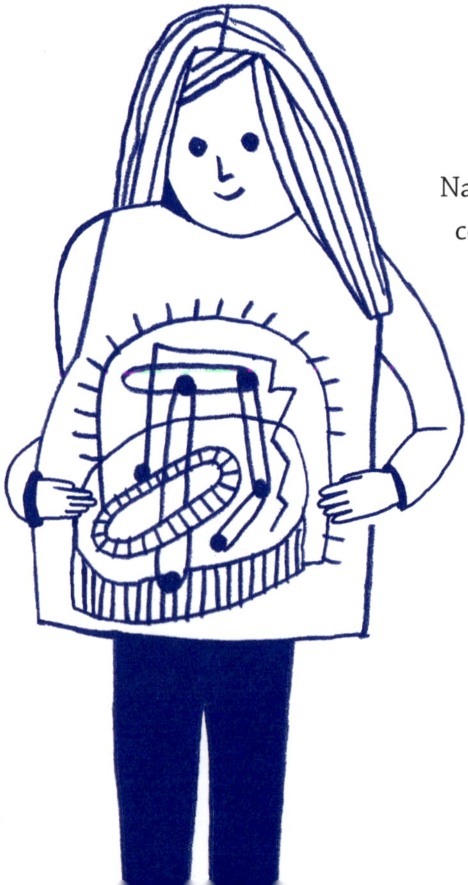

Na 24ª semana da nossa gestação, o cérebro já conta com um bom carregamento de neurônios — os tais cerca de 86 bilhões — estabelecendo, a cada segundo, milhões de ligações (sinapses) entre si. Nessa altura, o nosso equipamento cerebral está pronto para começar as funções superespecializadas que fazem de nós seres humanos.

A partir daqui, e para que se estabeleçam mais ligações e o cérebro se desenvolva de forma saudável, é preciso explorar o mundo. Chegou a hora do nascimento...

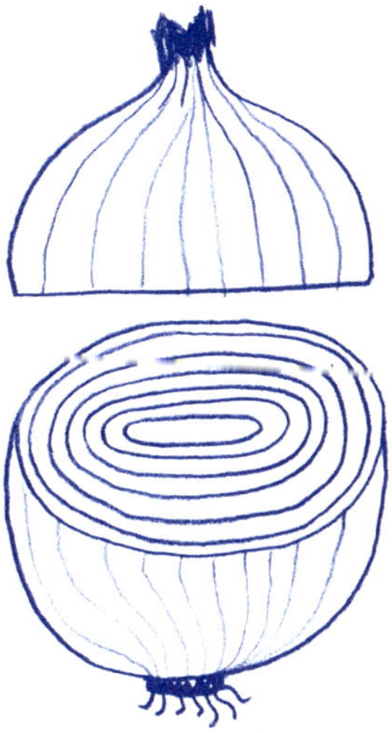

DESAFIO

Ontem e hoje

Lembra de como você era quando tinha 6 anos? Se não se lembra bem, procure uma fotografia dessa idade. O que é que ela te diz? Consegue se lembrar dos desafios que você enfrentava na época? O que é que estava aprendendo? O que era difícil?

APÓS O NASCIMENTO E DURANTE A INFÂNCIA

(ou "Mundo, aqui vamos nós!")

Após o nascimento, o cérebro está ávido para captar e interpretar tudo ao seu redor. Se ainda no útero os neurônios já mandavam mensagens uns aos outros acerca dos sons, do tato, dos movimentos... imagine aqui fora!
Na cabeça do recém-nascido, os órgãos sensoriais trabalham a todo o vapor e os neurônios mandam mensagens uns aos outros a um ritmo frenético: captam a sensação, informam, pedem reação, recebem resposta, emitem reação, aprendem, armazenam a informação na memória... UFA!
Para gerir essa orquestra sensorial intensa não espanta, afinal, que até os 2 anos as crianças registrem picos de 2 milhões de sinapses novas por segundo! Nessa idade, chegam a ter 100 trilhões de ligações, quase o dobro de um adulto (como não fazer birra a toda hora?). Assim se entende por que se diz que as crianças são como esponjas que absorvem o mundo à sua volta.

A LISTA TELEFÔNICA DE UM NEURÔNIO

Vem à cabeça a pergunta: mas como é que, nesta situação, não se forma um caos de fios emaranhados e ligações trocadas? É porque os neurônios sabem perfeitamente com que outros neurônios vão passar a estabelecer sinapses. Eles não se ligam "todos com todos", mas com apenas alguns (cerca de 1000) numa "lista" pré-definida relacionada com a sua especialidade e a área do cérebro onde estão alojados.

Veja como aumenta a rede de sinapses ao longo do nosso crescimento:

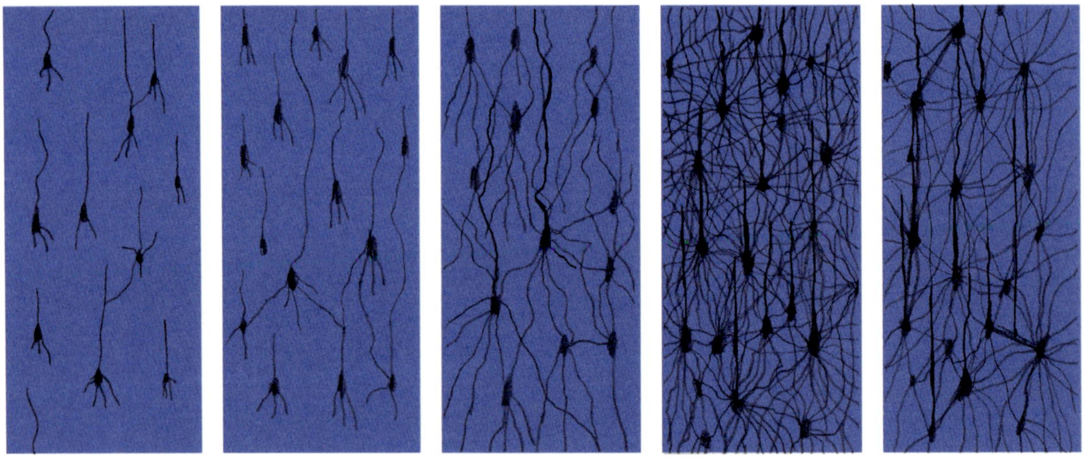

Recém-nascido 1 mês 9 meses 2 anos Adulto

Sabe-se que o cérebro de uma criança se desenvolve com base nos genes que recebeu dos pais, mas o mais importante é o ambiente no qual vive e interage. É importante que brinque, experimente e receba amor, pois são estímulos como esses que farão com que todas as áreas do cérebro cresçam bem. Mas o jeito como tudo acontece, isso os cientistas ainda não sabem com detalhes.

É melhor usar, se não se perde

Até os 2 ou 3 anos, a cabeça de uma criança tem muito mais sinapses do que aquelas que terá no futuro. Graças aos genes que herdamos e àquilo que aprendemos e vivemos em cada dia, utilizamos mais neurônios específicos de algumas áreas do que de outras. Ou seja, nesse processo irão sobreviver apenas as ligações que são estimuladas e repetidas.

Tudo o que o cérebro não usa é eliminado. O que você decide não fazer conta tanto como o que você decide fazer.

Os cientistas chamaram essa eliminação de comunicações de "poda sináptica", como se houvesse um jardineiro podando a árvore para que ela cresça forte e com uma determinada forma. Esse processo vai acontecer até o fim da adolescência. Mas, descanse, com isso nada de mal acontece à sua cabeça. É um processo natural. O cérebro se especializa naquilo que fazemos mais, para que funcione de forma rápida e eficiente.

Você adora dançar e pratica *hip-hop*	Você não costuma andar de *skate*
milhares de sinapses dedicadas a essa atividade	poucas sinapses dedicadas a essa atividade

Até os 10 anos, acredita-se que 50% das sinapses que existiam aos 2 anos foram eliminadas. Isso já nos dá pistas sobre o cérebro adulto: torna-se um cérebro especialista (mas atenção: está sempre pronto a aprender coisas novas).

A ADOLESCÊNCIA
(ou "Tempos de agitação e de descoberta")

No período da adolescência acontece a última grande fase de mudança do cérebro. Na verdade, esta é considerada uma das etapas mais importantes do seu desenvolvimento, mas também a mais turbulenta.
Objetivo: preparar o ser humano para sair de casa em segurança para um território desconhecido.

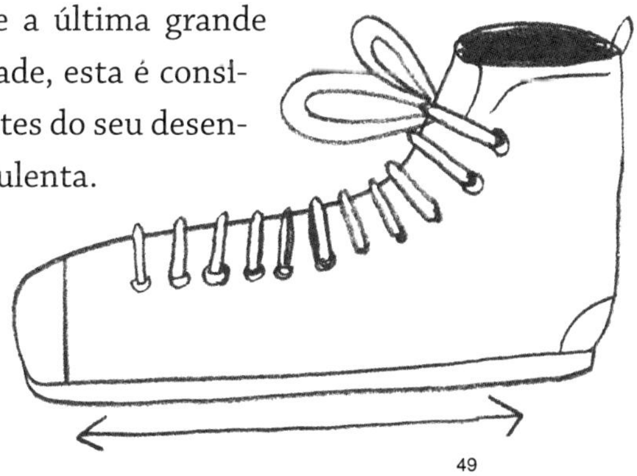

ATÉ QUANDO SOMOS ADOLESCENTES?

Até 20 anos atrás, pensava-se que o cérebro terminava de crescer no final da infância. Mas, graças às ressonâncias magnéticas, os cientistas começaram a observar os cérebros adolescentes e compreenderam que só depois dos 20 anos de idade é que essa evolução é concluída. Por isso, hoje consideram que a adolescência só termina aos 24 anos. É caso para se dizer: Eureca!, afinal agora se começa a entender muito melhor porque é que os adolescentes pensam e agem... como adolescentes.

Os adolescentes querem ser independentes, quebram regras, passam mais tempo em volta de roupas e do espelho, mas não é só isso. Começam a ter as suas próprias opiniões (normalmente contrárias às dos pais), são superaventureiros (para os pais tudo isso é bobagem) e só querem estar com os amigos. As emoções andam numa montanha-russa: ora amam, ora odeiam, ora estão eufóricos, ora se fecham, infelizes, no quarto. E não é para menos. Por quê?

Porque, apesar de a massa cerebral estar já com o tamanho e o peso definitivos, há uma parte do cérebro que ainda não se desenvolveu: o córtex pré-frontal,[4] situado mesmo atrás da tua testa.

Uma orquestra ainda desafinada

Podemos comparar o cérebro do adolescente com uma grande orquestra sinfônica que ainda não está funcionando cem por cento. Os violinos estão desafinados e os contrabaixos emitem sons graves descoordenados.

4) Para saber mais, consulte o Mapa do cérebro no final do livro. (p. 340)

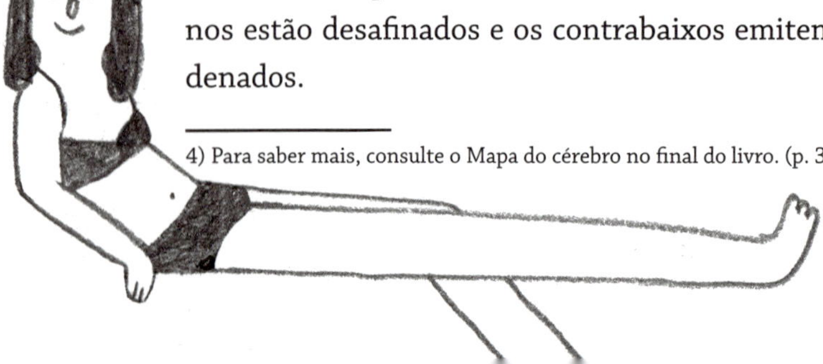

No grupo dos metais, os trompetes parecem discutir com as tubas, enquanto os instrumentos de percussão — pum, pah, bum! — soltam uns estrondos de vez em quando... E, para além de tudo isso, o maestro ainda não chegou! O maestro é o córtex pré-frontal. É a parte do cérebro que amadurece na adolescência e que é responsável por nos tornar adultos, com capacidade para decidirmos sozinhos a nossa vida.

O QUE FAZ O CÓRTEX PRÉ-FRONTAL?

O córtex pré-frontal centraliza e gere a informação das outras áreas. É responsável pelo pensamento abstrato, as emoções, as decisões e a formação da moral. É responsável por planejarmos o que vamos fazer amanhã, mas também daqui a algumas semanas. Também nos ajuda a fazer julgamentos em situações difíceis — como saber o que é "correto" ou "incorreto", "bom" ou "mau". No fundo, trata-se da parte do cérebro que faz de nós adultos livres, responsáveis e independentes.

O que está acontecendo no cérebro do adolescente?

Pense de novo no jardineiro que está podando a árvore: começou na infância e foi "tesourando" até chegar à adolescência, à parte frontal do cérebro, mais nova e mais complexa, que coordena a comunicação entre as diversas áreas do cérebro. Não é de admirar que os adolescentes sejam impulsivos ou desajeitados na forma de pensar e de agir... Seu cérebro está, digamos, em fase de grande construção.

É também nesse momento que se fazem ligações mais fortes entre o hipocampo (o centro da memória) e o lobo frontal, para que saibamos avaliar, decidir e planejar melhor, de acordo com as experiências que já vivemos.

Uma das últimas ligações a serem feitas pelo córtex pré-frontal é referente à amígdala, uma área fundamental para sabermos lidar com as emoções. Por exemplo, para compreender que o silêncio pode ser uma resposta, que "cada cabeça tem a sua sentença", ou que, às vezes, uma decisão tem prós e contras e convém pensar bem para se decidir o que é melhor.

DESAFIO

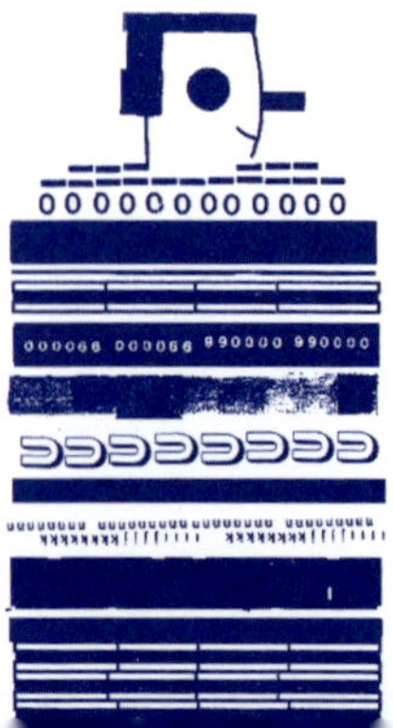

O seu avô já foi neto?

Fale com as pessoas mais velhas que você conhece (avós, amigos, tios-avôs). Ouça as histórias da vida deles, da adolescência. O que é que mudou? O que é que não mudou?

Há risco, não há risco? Arrisco!

Uma área bastante ativa no cérebro do adolescente é o sistema de recompensa — o *nucleus accumbens* —, responsável por procurarmos aquilo que nos dá prazer e nos faz sentir bem.

Isso explica por que os adolescentes procuram experiências novas ou fazem coisas arriscadas. É por aí que se aprende a andar de *skate* em cima de um corrimão para impressionar os amigos ou que ficamos ouvindo música em vez de estudar para uma prova (os adultos às vezes também...). É também nessa fase da vida que o mundo vem abaixo quando, por exemplo, não se é convidado para uma festa. Drama!

O centro de recompensa e de prazer está superativo, mas como o córtex pré-frontal ainda não fez todas as ligações com esta área, não consegue convencer o dono de que há perigo (em andar de *skate* num corrimão) ou de que há vantagens em estudar para a prova.

Mas é preciso dizer que arriscar e ter vontade de descobrir coisas novas são, na verdade, atitudes naturais (e até comuns no restante do reino animal. Já se observaram, por exemplo, jovens leopardos desafiando leões adultos!). É como se os adolescentes se preparassem para "sair do ninho" e um dia serem adultos independentes.

A cabeça assenta no corpo, que também está em mudança

Não é só o córtex pré-frontal que dá o que pensar ao seu jovem dono. Os hormônios também trabalham a um ritmo acelerado: os hormônios de crescimento e sexuais liberados pela glândula pituitária transformam um garoto em um homem e uma menina em uma mulher, e só isso já é uma grande (e fantástica!) revolução. Os hormônios sexuais atuam no sistema límbico, provocando diferentes estados de humor e excitação. São tempos de grande agitação: paixão, paixão! Essa fase é tão intensa que, já no início do século XX, alguns cientistas a consideravam um segundo nascimento!

IDADE ADULTA (ou "O cérebro é o que você quiser que ele seja")

Os adultos têm agora à sua disposição um cérebro completo! Isso significa: cerca de 86 bilhões de neurônios que ligam todas as áreas do cérebro, através de 60 trilhões de sinapses (conte de novo os zeros: 60.000.000.000.000!). O córtex pré-frontal assume o comando dos pensamentos e das emoções, tornando-nos mais capazes como seres pensantes (sempre que possível, porque às vezes os adultos também disparatam...).

A rede de neurônios está mais complexa e intrincada e o cérebro pode recorrer a mais ligações. E, graças à bainha de mielina,[5] nunca as ligações neuronais foram tão rápidas e eficientes.

5) Substância rica em lipídios e proteínas que protege as ligações e torna a comunicação entre neurônios mais rápida.

Senhores e senhoras: o cérebro acrobata

A forma como o cérebro vai evoluir nos adultos tem muito a ver com tudo o que fazem. O cérebro está sempre pronto a aprender, seja uma dança, uma nova língua, uma nova profissão. Estamos diante de uma espécie de cérebro acrobata e cabe a cada um de nós aumentar o grau de dificuldade e de destreza dos desafios que lhe são propostos.

Na verdade, o cérebro é capaz de se adaptar aos desafios mais incríveis! A tal ponto que, quando há problemas (doenças ou acidentes cerebrais), tenta fazer com que outras zonas desempenhem o trabalho que era feito pela área lesionada. Essa jogada inteligente tem até um nome: chama-se plasticidade e é uma das habilidades mais fabulosas do nosso cérebro, descoberta pelos cientistas há pouco tempo.

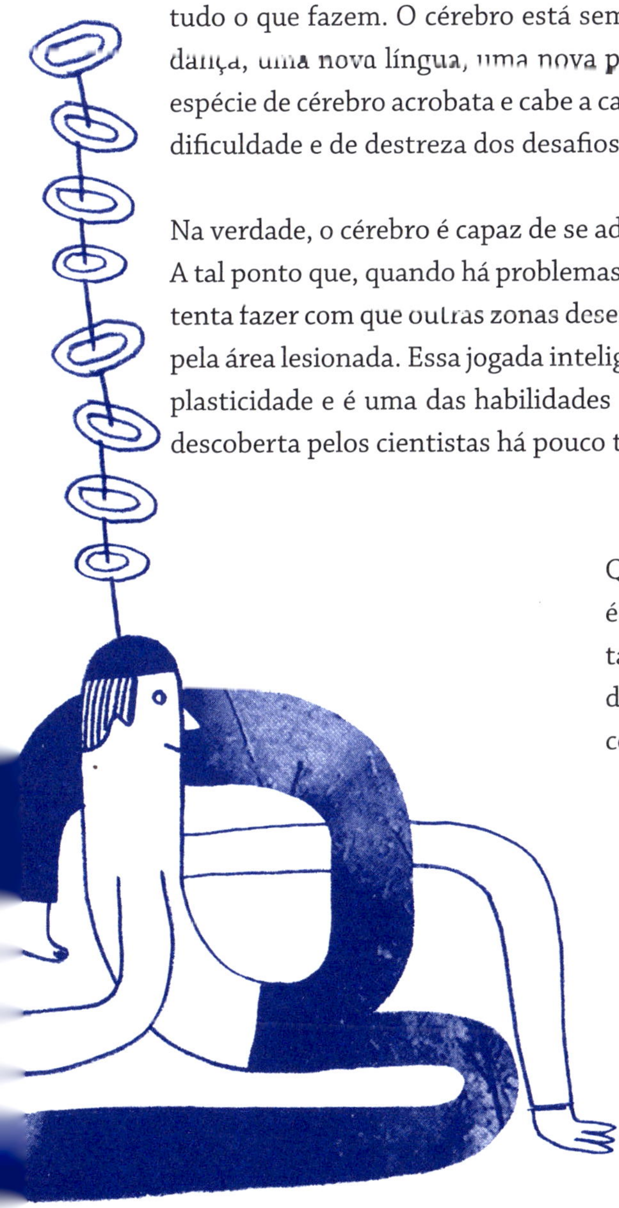

Quando somos crianças, o cérebro é particularmente plástico — basta ver como conseguimos aprender coisas novas sem fim —, mas continua a sê-lo ao longo de toda a vida, mesmo quando somos idosos. Os cientistas até admitem, com muita humildade, que há muito mais plasticidade no cérebro do que aquela que eles conseguem ver (iremos retomar este assunto no capítulo "Aprendizagem").

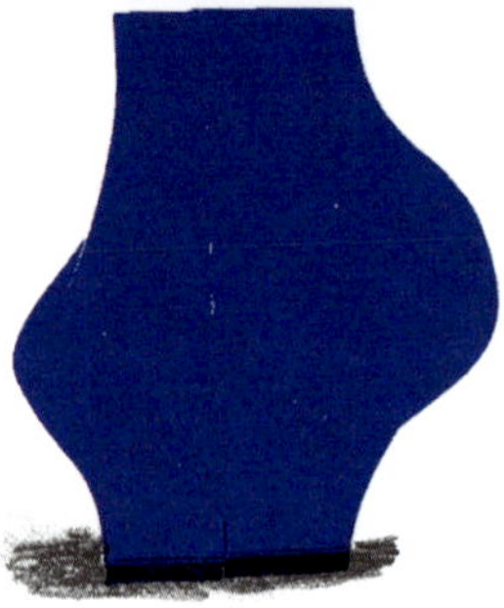

DESAFIO

Visualize a plasticidade:

Imagine uma bola de massinha de modelar na qual você espeta o dedo. Ali fica uma marca e essa marca pode perdurar ou desaparecer (basta você voltar a amassar a bolinha). Você pode marcar a bola de novo e voltar a desfazer essa marca quantas vezes quiser. Isso porque a massa é moldável. O mesmo se passa com o cérebro. Do mesmo modo como funciona a massa de modelar, assim funcionam os circuitos neurais: adaptam-se e se reorganizam para responder às necessidades. Por isso se diz que o cérebro é plástico, ou seja, moldável.

A VELHICE
(ou "A sabedoria, se não me falha a memória")

O envelhecimento do cérebro começa assim que ele amadurece, aos vinte e poucos anos. Mas atenção: isso acontece muito devagarinho, de forma imperceptível, porque até ficarmos velhinhos aprendemos tanta coisa nova, fazemos tantas coisas, que as falhas podem nem chegar a ser um problema!

Até 1990, considerava-se que, com o avançar da idade, os neurônios iam morrendo, milhões deles, tornando mais difícil a formação de novos circuitos. Mas depois descobriu-se que não é bem assim, que dispomos de neurônios em número suficiente para o cérebro funcionar normalmente até o fim da vida. O que se torna mais difícil com o avançar da idade é a formação de novas memórias, por isso, esquecer-se do lugar onde foram deixados os óculos é muito comum (se bem que acontece em qualquer idade, há tantas cabeças de vento!). Por causa do problema do esquecimento, começou-se a estudar em detalhes como se guardam as memórias no hipocampo. Descobriu-se que, com o avançar da idade, há uma proteína que diminui e que torna mais frágil a criação de novas memórias. Ao mesmo tempo, os circuitos de neurônios começam a desacelerar, levando mais tempo para reagir. Por essa razão é muito importante darmos mais tempo às pessoas com mais idade para fazerem as coisas.

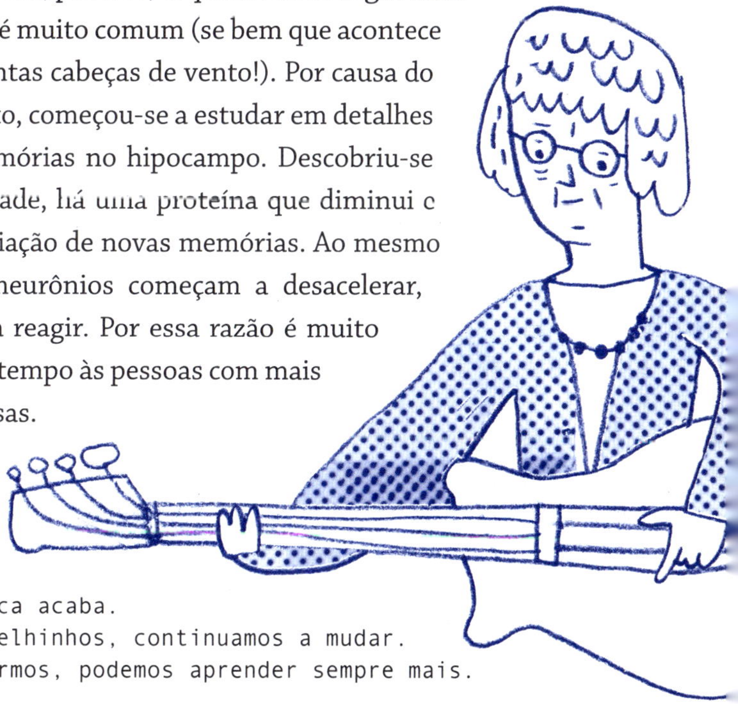

A nossa construção nunca acaba.
Mesmo quando ficamos velhinhos, continuamos a mudar.
Até o dia em que morrermos, podemos aprender sempre mais.

SENTIDOS

Fora de nós só existem matéria e energia.
Não existem sons, cores ou cheiros.
Tudo isso é construído pelo nosso cérebro com
os estímulos que chegam lá de fora, do mundo.

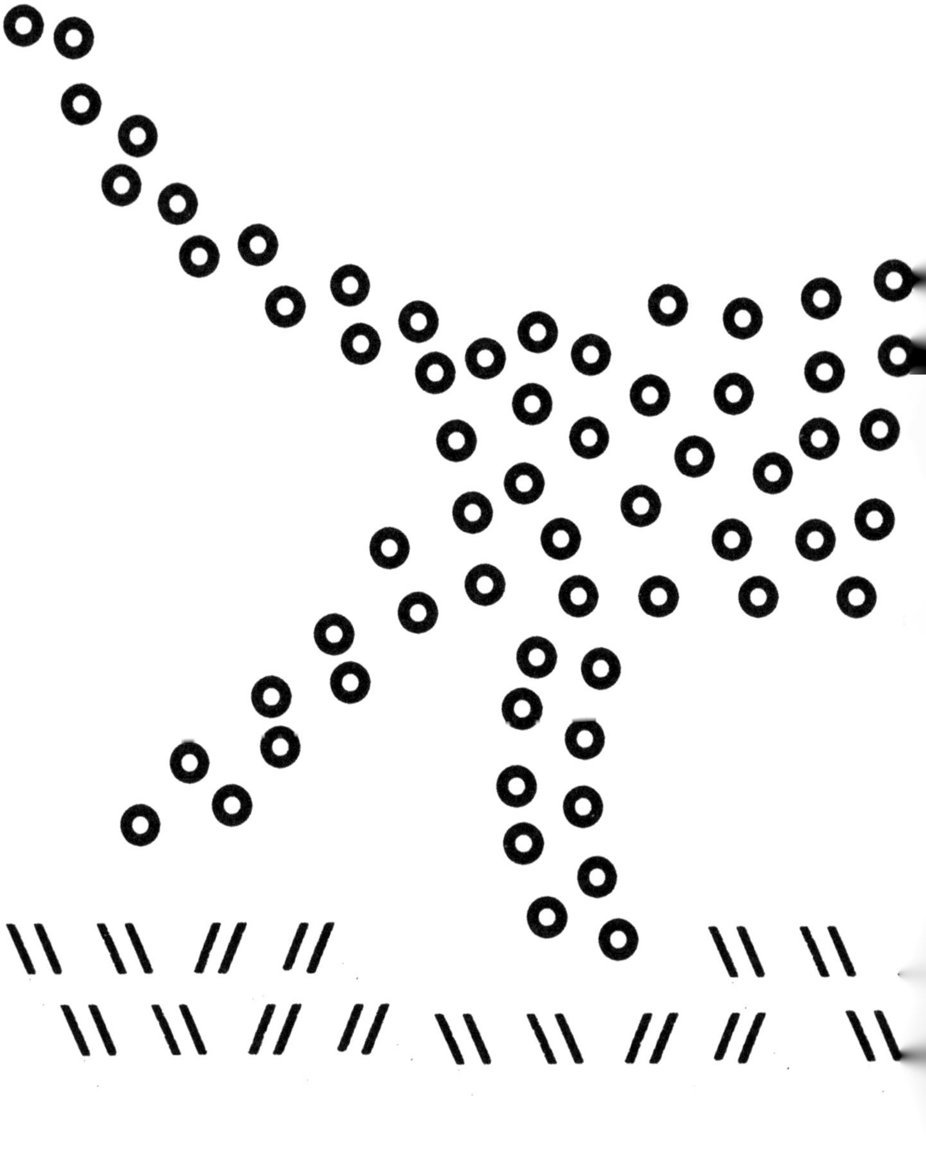

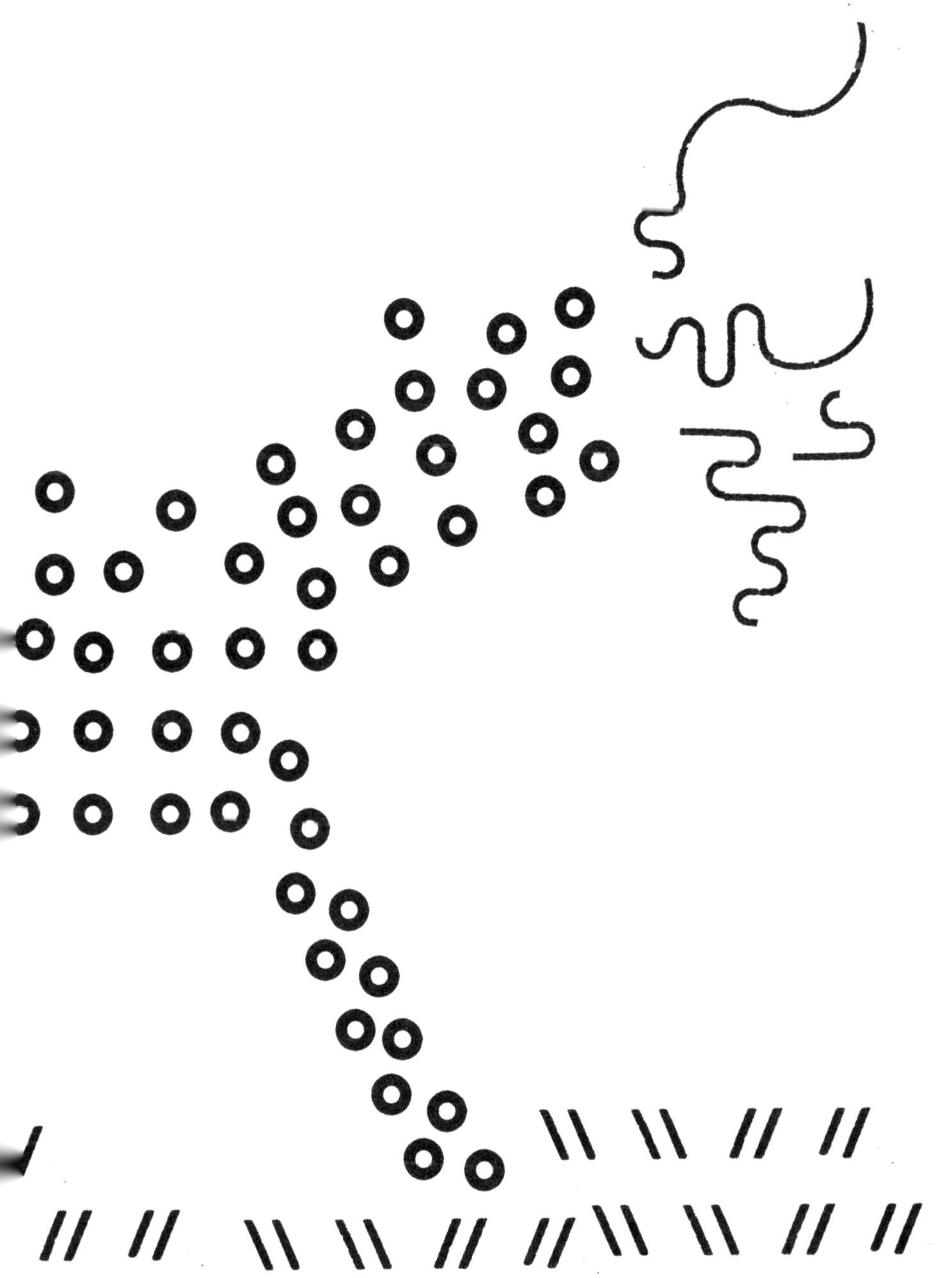

Os sentidos (que sensação!)

Os nossos sentidos são a única forma de nos ligarmos ao mundo exterior. É ouvindo, tocando, vendo, saboreando e cheirando que nos comunicamos, aprendemos, conhecemos e nos conhecemos — ao mundo e a nós mesmos. É com o material que os sentidos enviam para o cérebro que damos sentido ao mundo.

Quem é que sente: os sentidos ou o cérebro?

Permanentemente, os sentidos recebem estímulos que lhes chegam do exterior através dos órgãos responsáveis: os olhos captam luz, o nariz capta químicos no ar, os ouvidos recebem ondas sonoras, a língua sente o gosto, e a pele, o toque. Mas a verdade é que não sentimos com os sentidos.

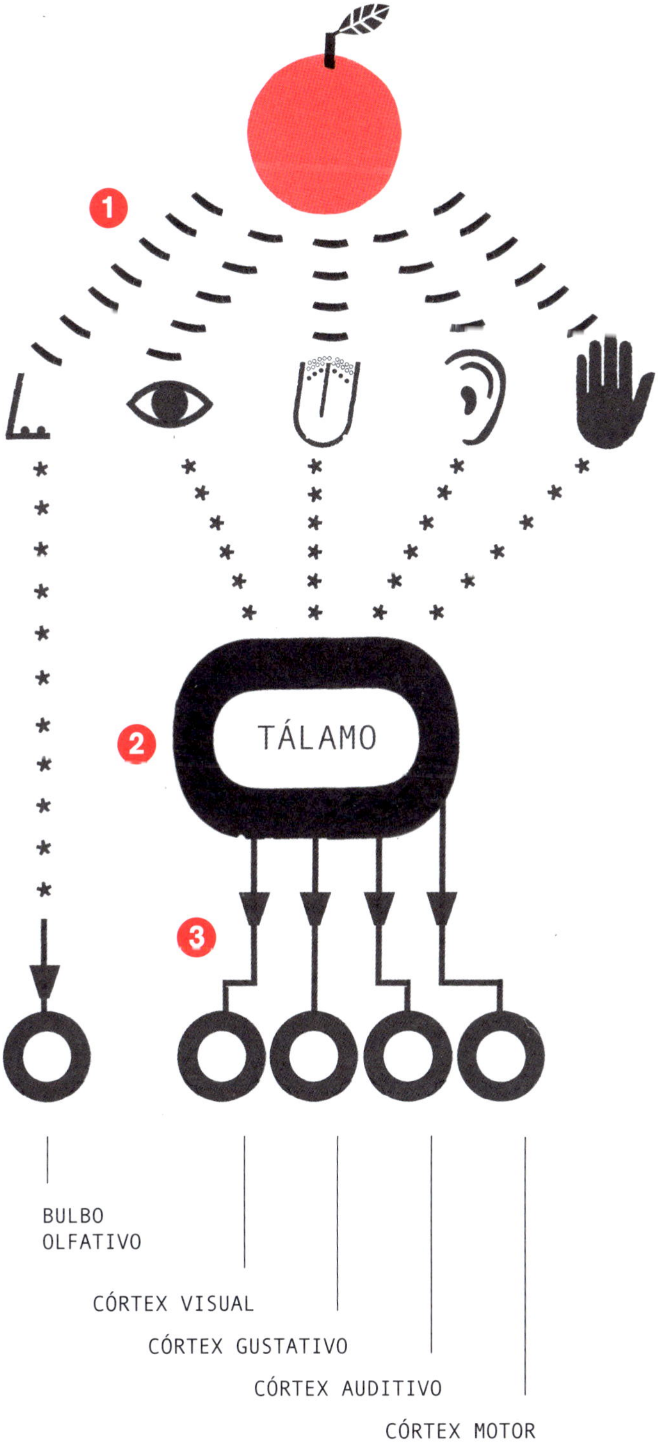

Eis como tudo se passa:

(1) Os estímulos são enviados para o cérebro em forma de sinais elétricos, graças a neurônios especializados em cada um dos órgãos sensoriais.

(2) Quase todos os sinais (exceto, numa primeira fase, os que dizem respeito ao olfato) seguem para uma região chamada tálamo, uma espécie de sinalizador e distribuidor de jogo, que os envia separadamente para a respectiva região do córtex (córtex auditivo no caso dos sons; córtex visual no caso das imagens etc.).

(3) Em cada uma dessas áreas, os sinais são decodificados e transformados numa percepção: um sabor, uma melodia, uma imagem. E é apenas nesse momento que tomamos consciência do sentido! Por isso, na realidade, quando sentimos, é o cérebro que está atuando, e não nossos órgãos sensitivos. E tudo isso a uma velocidade estonteante — quanto tempo passa entre você ouvir um som e o cérebro dizer que é um cão latindo?

Como é que não nos embaralhamos com tudo o que nos chega do exterior?

Observando a cascata de estímulos que está permanentemente sendo transmitida à nossa torre de controle, deveríamos estar num constante frenesi de sensações. Mas não estamos, e a prova disso é que conversamos no meio do ruído de um café ou conseguimos ler numa praia cheia de gente.

O que se passa, então, nesse ponto? Alguns dos sentidos adormecem? Não, todos os sentidos estão sempre "em sentido"; no entanto, o cérebro faz uma espécie de filtragem, de modo a não ser "incomodado" com informação que já tem. Pense no ruído da geladeira, ao qual nos habituamos depois de um pouquinho de tempo, ou na sensação do toque da roupa no corpo. Mesmo sem querer, o cérebro escolhe ignorá-los. E isso é incrível!

No polo oposto, percebemos o mais leve estímulo novo: um ramo que nos toca no braço, um cheiro sutil de canela. Esse equipamento sensorial tão seletivo deve-se a razões de sobrevivência. Na Pré-história, ouvir as patas de um felino na folhagem era determinante para não servir de jantar a ele.

O cérebro é perito em detectar diferenças e mudanças.
O cérebro é um detector de surpresas!

Sentido de solidariedade

Cada sentido tem um sistema independente, mas o cérebro exige trabalho em equipe para podermos ter uma percepção o mais completa possível da realidade. Por exemplo, quando você tem fome e se prepara para comer, quantos sentidos são convocados para essa ação? Não é só o paladar! Você sente o aroma da comida no ar. Vê se o prato parece apetitoso. O som também participa (não é bom o ruído de um alimento crocante quando a gente o morde?), assim como o toque. A essa receita de sentidos junta-se a memória das experiências gastronômicas, que diz se é boa ou má ideia ir para a mesa.
Essa integração acontece com tudo o que você faz, todos os dias.

EU POSSO AJUDAR!

Quando se perde um sentido ou ele não funciona bem, por razões de doença ou de acidente, o cérebro — graças à sua capacidade plástica — treina outro sentido para fazer um esforço maior, de modo a compensar aquela falta (é o caso de muitas pessoas cegas, que adquirem uma melhor audição, por exemplo).

Acha que me engana?

Por vezes, no cruzamento de sensações, há sentidos que enganam os outros, o que pode provocar ilusões. Por exemplo, quando olhamos para alguém falando, a audição e a visão funcionam de forma integrada, uma vez que esperamos ouvir determinado som de acordo com o movimento dos lábios. No entanto, podemos ser enganados, como acontece nos filmes dublados.

E ilusões óticas, você conhece alguma? Não perca o próximo desafio!

DESAFIO

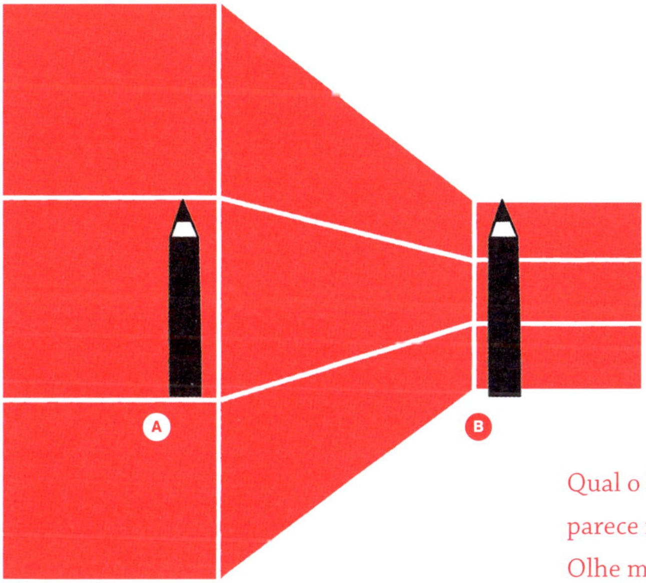

Qual o lápis que parece maior, A ou B? Olhe melhor: se tiver dúvida, use uma régua.

Sinestesia ou a invasão de sentidos

O cruzamento de sentidos mais incrível é a chamada sinestesia — palavra de origem grega que significa sensação simultânea —, que acontece quando mais de um sentido interpreta uma sensação.

Pessoas com sinestesia podem ver cores associadas a determinadas palavras (por exemplo, cada dia da semana tem uma cor), ouvir um som associado a um cheiro ou sentir um cheiro quando tocam em algo. Para os cientistas, a origem dessa capacidade ainda não está clara, mas para as pessoas sinestésicas, que já estão muito habituadas, essa realidade não parece ser confusa.

Há artistas sinestésicos famosos que viveram numa época em que ainda não se sabia nada sobre esse fenômeno. O pintor russo Wassily Kandinsky (1866-1944) associava aromas e música a cada cor. Já o compositor de música clássica Franz Liszt (1811-1886) via cores nos sons musicais. Imagine a confusão dos músicos da orquestra na primeira vez em que ele lhes pediu para tocarem "mais violeta e menos azul".

SINESTESIA NA ARTE

Muitas vezes, mesmo sem serem sinestésicos, os artistas exploram essa união dos sentidos de forma muito interessante, associando a qualidade de um sentido a outro.
Veja exemplos na poesia:

"Ressurgiremos ainda na dura luz de Creta"
Sophia de Mello Breyner Andersen
dura = tato | luz = visão

"É noite: e, sob o azul morno e calado"
Gomes Leal
azul = visão | morno = tato | calado = audição

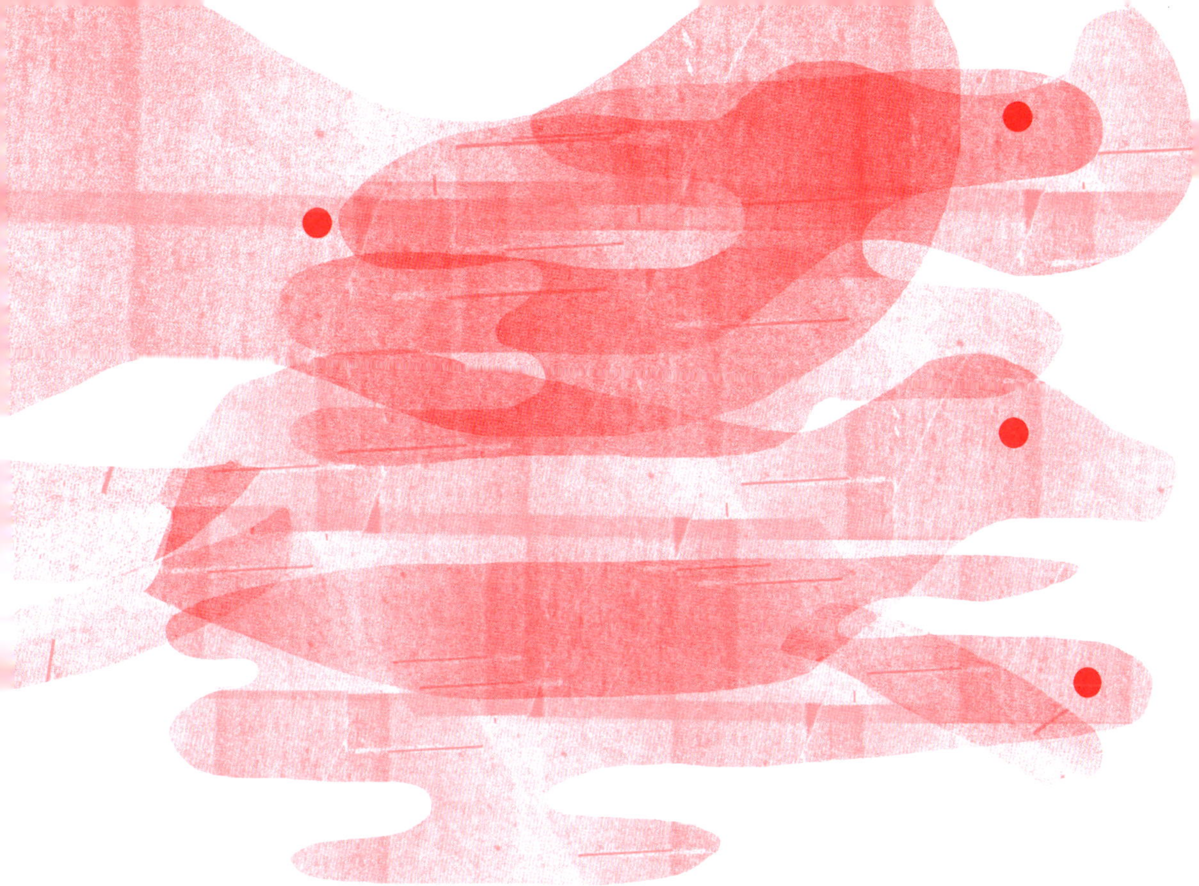

A mesma sensação sentida de forma diferente

Dado que sentimos com o cérebro, a mesma sensação pode ser vivida de forma muito diferente, de um dia para o outro ou em tempos diferentes da nossa vida. Por exemplo, num dia cheio de pressa, você pode se esquecer da mochila e nem sequer dar pela falta de peso nas costas. E uma refeição pode ser indiferente ou ser uma delícia, se você estiver na companhia de amigos.

Você também já deve ter sacado que a percepção dos sentidos muda de pessoa para pessoa: onde você vê um hipopótamo numa nuvem, um amigo vê um elefante; se você adora gelatina de morango, o seu irmão pode nem suportar o cheiro; um determinado tipo de música é uma maravilha para você, mas para os seus pais pode ser o som mais insuportável do mundo etc.

DESAFIO

Você vê o mesmo que eu?

Olhe para esta imagem durante 5 segundos. Depois registre:

- O que você viu primeiro.
- Aquilo de que gostou mais. E aquilo de que gostou menos.
- As memórias despertadas em você.

Peça a outras pessoas que façam o mesmo. Depois compare. É óbvio que todas as pessoas vão sentir de forma diferente.

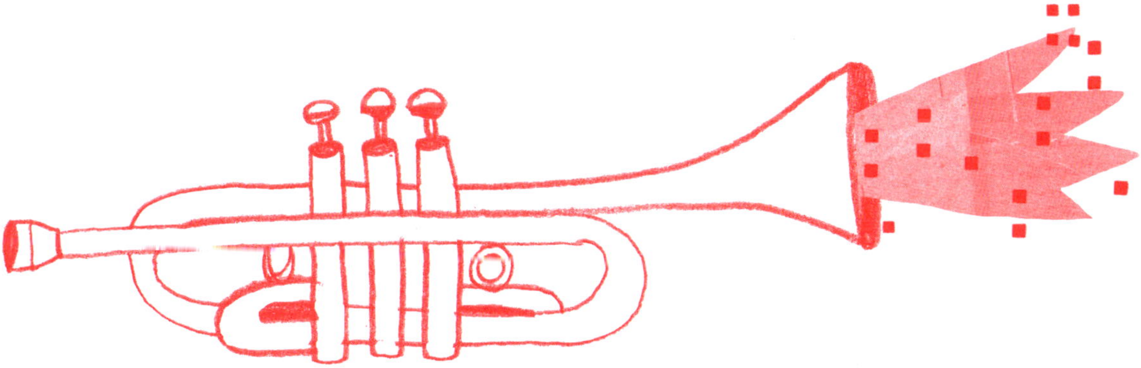

DESAFIO

A que palavras soa um trompete?

Já reparou que pode ser muito difícil descrever uma percepção sensorial (uma cor, um sabor, um som)? Imagine que você tenha que explicar, com palavras, a um extraterrestre:

- O sabor de uma laranja.
- A cor verde.
- O som de um trompete.

Serão mesmo 5?

Todos nós aprendemos que os sentidos são cinco. Mas isso é uma apresentação simplificada, pensada há mais de dois mil anos pelo estudioso grego Aristóteles (384 a.C.-322 a.C.). Na verdade, possuímos outros sistemas sensoriais: há um sentido chamado propriocepção, que nos informa acerca da nossa posição (do corpo ou partes do corpo) no espaço e que nos permite, por exemplo, coçar o nariz ou comer de olhos fechados. Há ainda um sentido que nos permite ter a percepção da temperatura, da humidade e da dor, e que os entendidos dizem ser diferente do tato.

Porém, não há consenso em relação a esses assuntos. O que podemos concluir com bastante certeza é que somos multissensoriais (e, sem qualquer dúvida, multissensacionais!).

HÁ OUTRAS REALIDADES LÁ FORA

A nossa experiência da realidade é dada pelos órgãos sensoriais. No entanto, há mais realidade lá fora, só que os nossos sentidos não evoluíram para detectá-la. É por isso que o mundo captado por outros animais pode ser totalmente distinto do nosso. Isso acontece para que esses animais possam sobreviver melhor no seu hábitat.

Veja só a proeza destes sentidos:

O bicho-da-seda consegue detectar o cheiro de um potencial parceiro a 11 quilômetros de distância; os ratos usam os bigodes para detectar e "ver" os objetos ao seu redor; os morcegos e os golfinhos movimentam-se graças à ecolocalização, através da qual detectam os objetos.

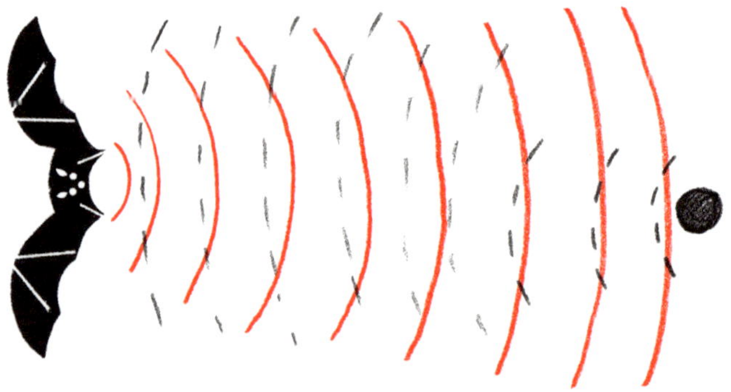

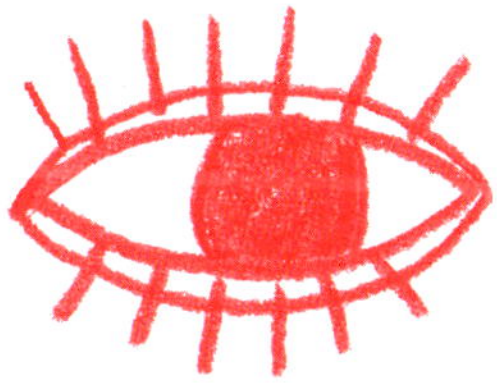

OS SENTIDOS UM POR UM

Visão

Começamos com uma informação de peso: um terço da região do córtex dedica-se inteiramente à visão! E não é para menos: o cérebro tem de registrar o tamanho da imagem, a cor (consegue captar até 10 milhões de cores diferentes), a forma, o movimento ou a localização no espaço. E tudo isso de forma simultânea! Comparado com os outros sentidos, este é aquele que dá a informação mais pormenorizada. Sempre que os olhos **(1)** captam uma imagem, como agora, no momento em que você está lendo, o nervo ótico **(2)** entra em ação e leva a informação até o córtex visual **(4)**, que se encontra na parte de trás do cérebro. No caminho, passa pelo tálamo **(3)**, a tal grande central de informação.

A visão é o sentido que faz a viagem mais longa dentro da cabeça! Talvez porque existem tantos elementos sendo estudados no caminho até a estação final.

Aqui, no córtex visual **(4)**, todas as informações obtidas são processadas para formar, finalmente, a imagem. Ufa! E aqui está: ver, ver, vemos com o cérebro.

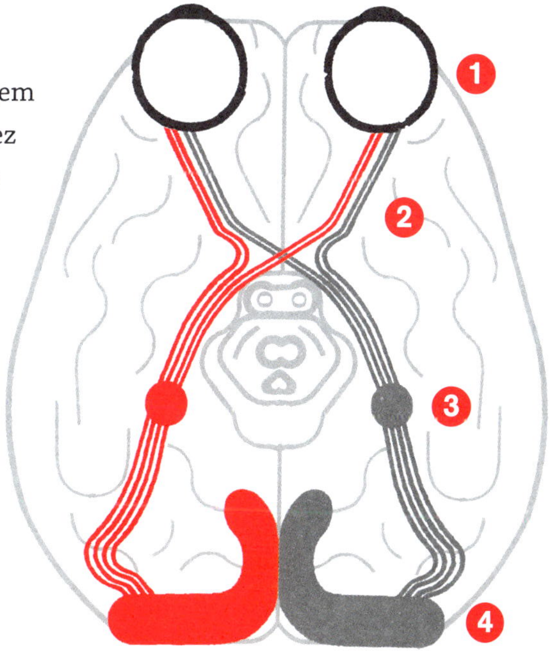

Tato

O ser humano traz consigo uma longa história de toque. Basta pensar em nossos ancestrais — os primatas —, para quem o toque é uma forma de relacionamento comum. Quando estão catando bichinhos uns nos outros, os primatas estão também se comunicando, transmitindo afeto e atenção, sentindo-se bem e relaxando. Talvez venha daí a importância que o toque tem para nós humanos. Quem resiste a um abraço de amigo ou a uma massagem na cabeça?

O tato é o único sentido que está distribuído por todo o corpo e nos permite determinar a forma, o tamanho e a textura de tudo aquilo que tocamos com a nossa pele. O tato é também considerado um dos sentidos que mais nos fazem reagir por instinto. Repare: quando você toca em algo, sabe imediatamente se gosta ou não.
As mãos, sobretudo a ponta dos dedos, os lábios e os olhos têm mais receptores que outras partes do corpo, por isso são mais sensíveis ao toque e à dor. Já reparou que um pequeno corte no dedo dói muito mais do que na perna? Não é por acaso. Como as mãos são partes do corpo que usamos muito e são importantes para a nossa sobrevivência, esta é a forma de protegê-las.

Se o tamanho das diferentes partes do corpo fosse ditado pelo número de terminações nervosas, seria este o nosso aspecto. O nome da representação gráfica desta ideia (criada pelo cientista Wilder Penfield) chama-se Homúnculo de Penfield.

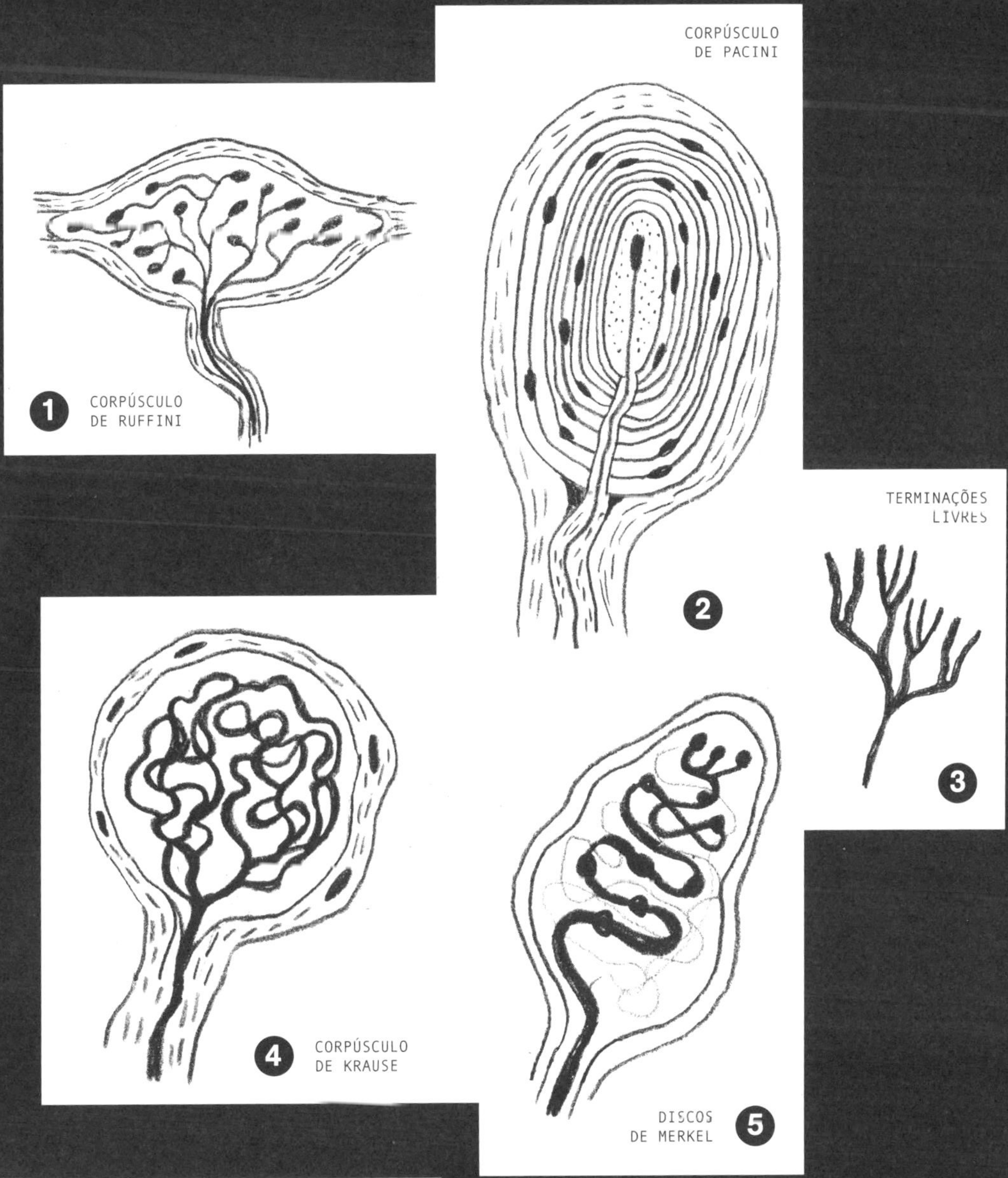

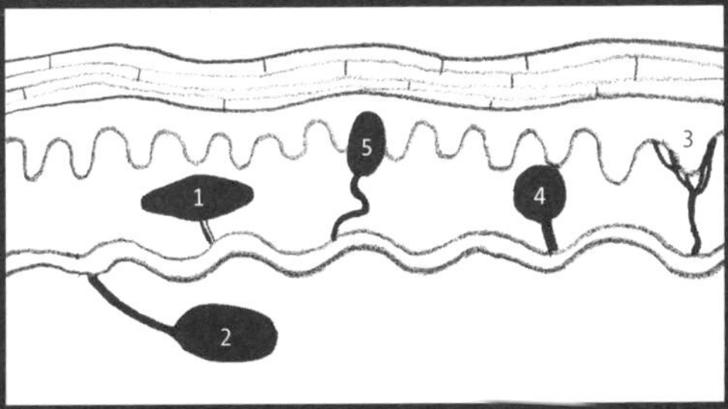

Você sabia que temos diferentes tipos de sensores nas pontas dos dedos? Alguns nos dão a percepção do calor (1); outros estão relacionados com a propriocepção (2); outros com a dor (3); outros com o frio (4); outros com a pressão (5).

Audição

Quando entra no ouvido, o som, tal como o entendemos, ainda não é um som, mas sim ar que vibra. Essa onda de vibração entra na orelha média a 1217 km/h, ou seja, é mais veloz que um avião! Aí, pequeníssimas células ciliadas, afinadas para captar diferentes frequências de som,[6] transformam a vibração em sinais elétricos que são enviados para o nervo auditivo.

No sistema auditivo do córtex, que se situa em cima das orelhas, o cérebro traduz então o estímulo elétrico num som (música, ruído, voz etc.). Também nos diz se é um som alto ou baixo, se é agudo ou grave e de que lado vem (por isso é que temos duas orelhas). O segredo da localização está nos sulcos e na concha da orelha, também chamada orelha externa, que ajudam a refletir as ondas de som e a encaminhá-las para dentro do canal auditivo.

Como é que, numa sala com música muito alta e a sirene de uma ambulância passando, conseguimos distinguir o som de uma conversa? O cérebro consegue separar os sons, de acordo com seus componentes (tom e frequência), para que possamos distinguir as vozes em meio a ruídos ou quando se misturam com melodias. Além disso, há um sistema de volume próprio que nos leva instintivamente a falar mais alto quando estamos num local muito barulhento.

---

6) As frequências de som medem o número de ondas de som por unidades de tempo, também chamadas ciclos por segundo ou hertz (Hz).

A FORÇA DAS ONDAS DE SOM

Sabia que o som pode levantar objetos no ar? (Não, não é um truque de ilusionismo). Cruzando ondas de som num ponto específico com uma determinada frequência, é possível provocar uma força de suspensão que suporta pequenos objetos no ar (gotas de água, um parafuso, um pedaço de madeira de 3 milímetros...). No futuro espera-se conseguir a levitação de objetos maiores e já está em fase de teste até mesmo uma prancha de *skate*.

DESAFIO

Espaço, aqui vou eu!

Este passeio não vai levar você ao espaço sideral, esse que existe para lá da atmosfera terrestre, mas vai te dar uma percepção diferente do espaço mais próximo. (É possível que no final do passeio você sinta que foi ao espaço e voltou.) Duas pessoas são necessárias. Uma delas fecha os olhos e se deixa guiar; a outra mantém os olhos bem abertos e desempenha o papel de guia. Entre vocês dois, apenas as pontas dos dedos mindinhos devem se tocar. Repare: o que você consegue descobrir por estar com os olhos fechados?

Olfato

O olfato foi o primeiro sentido a ser desenvolvido por nossos antepassados animais, mas, ao contrário do que aconteceu com outras capacidades humanas, esta parece ter piorado ao longo do processo evolutivo. Será? Estudos recentes indicam que conseguimos discriminar, pelo menos, um trilhão de odores, e não 10 mil, como se julgava há cem anos. Afinal, até que nossos narizes são apurados.

O odor é detectado numa área do nariz do tamanho de um selo chamada epitélio (onde se situam os receptores dos odores) e é enviado para o cérebro, para a zona do bulbo olfativo. O bulbo fica próximo das regiões ligadas às memórias, fazendo do olfato um dos sentidos com ligações mais fortes às nossas experiências passadas.

DESAFIO

Inspire

Será que, quando se misturam dois cheiros diferentes, continuamos conseguindo identificá-los separadamente? Você pode fazer uma experiência, misturando, exatamente na mesma quantidade, dois sucos, por exemplo, um de laranja e outro de limão. Misture bem e inspire. Os dois cheiros ainda estão lá?

Já reparou? As recordações de infância costumam estar intensamente relacionadas com cheiros: da casa dos avós, de um perfume… Às vezes basta sentirmos um leve cheiro de qualquer coisa para sermos imediatamente transportados, trezentos quilômetros no espaço, nove anos no tempo.

SE VOCÊ GOSTA DE COMER, AGRADEÇA AO OLFATO

O olfato está fortemente relacionado ao paladar. Experimente tapar o nariz enquanto mastiga. Você vai reparar que continua a sentir os gostos do paladar (doce, salgado, amargo, ácido), mas vai deixar de sentir os aromas da comida. É por isso que quando estamos constipados sentimos que a comida não tem gosto de nada.

Paladar

Desde o início da evolução, o sentido do paladar está diretamente relacionado com a sobrevivência, alertando-nos para o perigo de ingerir comida venenosa ou estragada e para a necessidade de comer determinado alimento. Por exemplo, o gosto que temos pelo doce e pelo salgado não é um acaso: eles servem para assegurar as nossas necessidades em termos de minerais e hidratos de carbono.

A nossa boca contém milhares de papilas gustativas, que se encontram na língua, no céu da boca e na garganta, que captam os químicos do gosto do doce, do amargo, do salgado, do ácido e agora também do *umami*, um quinto gosto identificado por um investigador do Japão e que significa "delicioso" em japonês.

QUE GOSTO TEM O *UMAMI*?

Mas que gosto é esse? É uma boa pergunta que até os cientistas ainda estão tentando "apurar". É um gosto que se baseia no glutamato,[7] uma substância natural que se encontra no peixe, na carne, no espinafre, nos cogumelos ou nos tomates maduros e que estimula as papilas gustativas, contribuindo para melhorar o gosto global dos alimentos. Há quem o descreva como um gosto de caldo, que faz salivar e que deixa uma sensação aveludada na boca.

7) Atenção: alguns alimentos contêm glutamato artificial, um aditivo cujo consumo exagerado pode ser prejudicial.

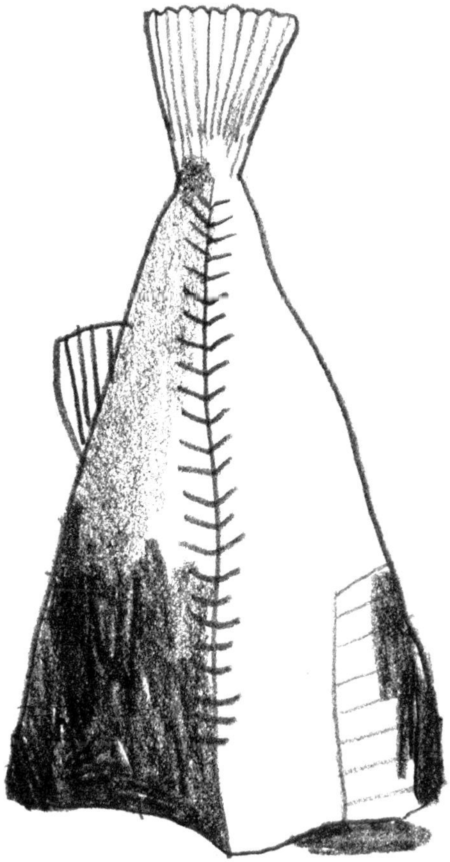

Salgado para uns, insosso para outros

A comida pode ter um sabor diferente para cada pessoa porque a percepção depende da experiência pessoal de cada um e até do ambiente em que estamos comendo a refeição. Os hábitos alimentares de cada cultura e os costumes familiares em que crescemos vão ditar muitas das nossas preferências (as primeiras começam já dentro da barriga da mãe!). Também é certo que o paladar é um sentido que se pode educar, o que é uma grande vantagem, porque nos permite, por exemplo, sobreviver em qualquer parte do globo, longe da comida da nossa casa ou do picadinho especial da nossa avó...

O que você é, o que sabe, o que viveu, o que sentiu influencia o modo como você percebe o mundo.

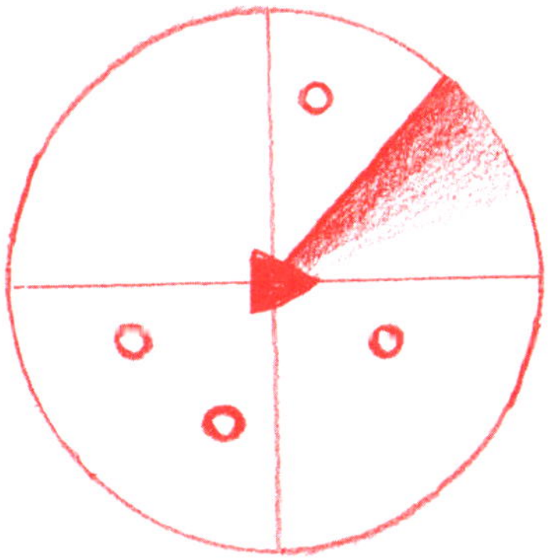

Propriocepção

Cada membro do nosso corpo é definido, em parte, por sua distância em relação aos outros e em relação ao que o rodeia. A capacidade de compreendermos a nossa posição no espaço, sem usarmos a visão, chama-se propriocepção — palavra que deriva do latim e que significa "percepção de nós mesmos". Ao contrário dos outros sentidos, este não tem uma área do cérebro responsável por ele, nem sequer um órgão, daí os cientistas terem discutido muito, antes de o catalogarem como um sentido.

Se estivermos na montanha, num caminho de cabras, as nossas pernas e pés irão adaptar-se a caminhar com cuidado. Por quê? Neurotransmissores específicos localizados nos músculos, nos tendões, nos ligamentos e articulações (alguns cientistas também incluem a pele) recebem informação sobre a nossa postura e como nos movemos. Conseguimos, assim, saber se estamos parados e em qual posição, ou se estamos nos mexendo e de que forma.

Na verdade, a propriocepção é intuitiva, sendo responsável por você ser capaz de descer escadas no escuro ou bater palmas. Agora dá para entender como esse sentido é indispensável para os dançarinos!

A propriocepção
é o sentido da
nossa consciência
física, que nos diz
"Isto sou eu, aqui".

DESAFIO

Mais difícil do que parece?

Para você perceber como a propriocepção é muito importante, faça esta experiência: tente tocar com os dedos indicadores um no outro, bem por cima da sua cabeça. Não vale olhar. O que achou?

OS SENTIDOS PODEM DAR TRABALHO

Você é fera em detectar um perfume no elevador ou tem um paladar que adivinha o gosto sutil de cominho? Então, um dia, poderá ter uma carreira profissional graças aos seus sentidos. Existem muitas profissões para especialistas sensoriais: se você tem um excelente olfato, poderá ser criador de perfumes, *sommelier* (conhecedor de vinhos) ou aromaterapeuta; se você tem o paladar apurado, pode vir a ser chefe de cozinha ou crítico gastronômico; se é muito sensível ao tato, massagista ou *designer* têxtil.

APRENDIZAGEM

Missão principal do cérebro: aprender mais.

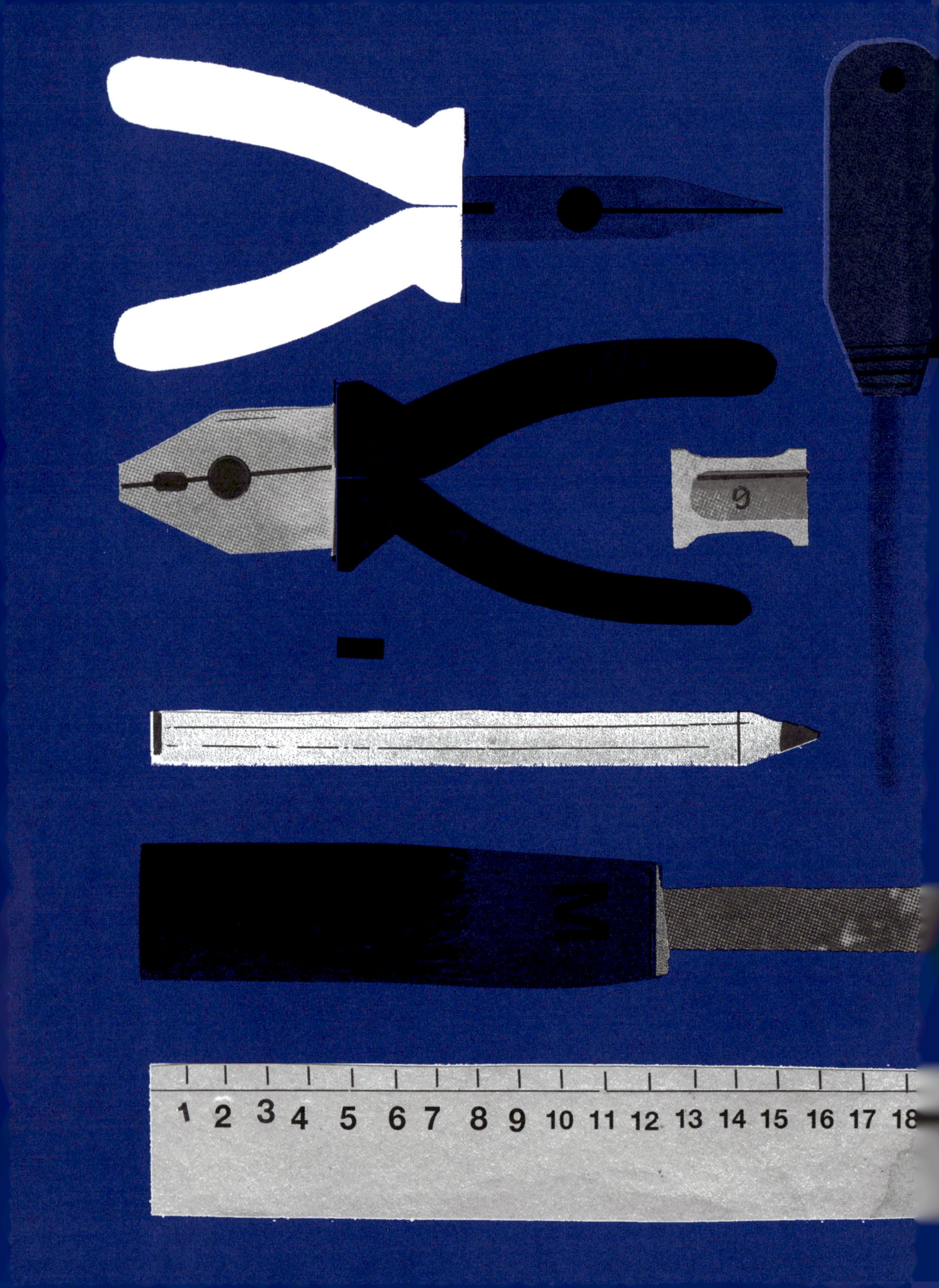
1 2 3 4 5 6 7 8 9 10 11 12 13 14 15 16 17 18

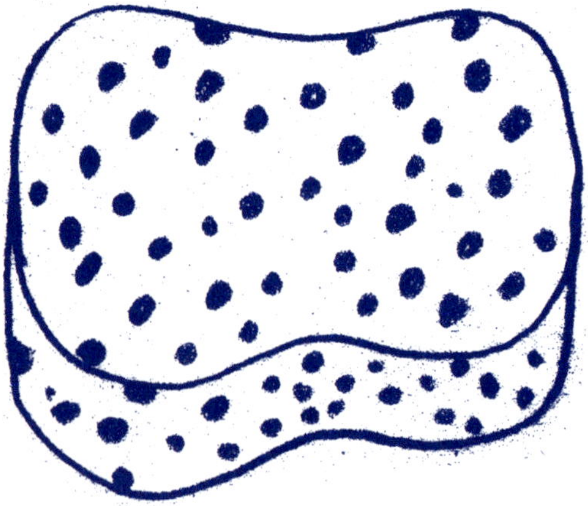

Quando aprendemos, guardamos

O que as seguintes atividades têm em comum?

a) cantarolar uma canção
b) fazer ovos mexidos
c) calcular a área de um paralelepípedo
d) jogar xadrez?

Entre as várias respostas possíveis, a que nos interessa é esta: todas as atividades implicam aprender e memorizar. Atenção: não memorizar naquele sentido de decorar sem aprender, mas no sentido de guardar o gesto, o raciocínio, as palavras (o que seja) dentro de nós, como conhecimento que podemos buscar quando precisamos. Mesmo que você não perceba, sempre que faz alguma coisa, a memória está envolvida nisso. Seja quando escreve uma carta, quando faz os gestos necessários para pentear o cabelo, sempre se vai à memória buscar a informação que você já domina e que te ajuda a continuar a aprender.

"Estamos sempre aprendendo!!", diz a tua avó...

... E os cientistas não podiam estar mais de acordo!

Às vezes aprendemos com esforço e até podemos praguejar "nunca vou saber isto" (até que dominamos a coisa! É preciso ser persistente). Mas é frequente aprendermos sem saber bem como. É o caso da aprendizagem da nossa língua materna, andar de bicicleta ou usar o computador. Para não falar de dar e receber mimos, que também se aprende, mas de outra forma.

Portanto, seja de que maneira for, sua avó tem razão: estamos mesmo sempre aprendendo. Nós, que agora estamos escrevendo este livro, e você, que agora o está lendo.

Mas como aprendemos?

Quando estamos aprendendo, geram-se repetidamente impulsos elétricos entre neurônios. Com essa repetição, as sinapses entre eles ficam fortalecidas, graças à camada de mielina (a tal substância que protege essas ligações e torna a comunicação entre os neurônios mais rápida). Para você entender melhor, é só pensar nisso como o caminho que faz para a escola: houve um dia em que você fez o percurso pela primeira vez. Ia alerta, olhando para os nomes das ruas e prestando atenção se devia virar à esquerda ou à direita. Com o tempo, passou a fazer esse percurso mil vezes, e agora que já o conhece, poderia fazê-lo até de olhos fechados. Isso acontece porque a ligação dos neurônios que participaram nessa aprendizagem ficou ativa.

O percurso entre os neurônios — e o percurso para a escola — está registrado e é fácil recuperá-lo. Está literalmente memorizado!

E já reparou que quando você está aprendendo, usa o que já está guardado na sua memória? Voltando ao caminho para a escola, há muitas coisas que você já sabe: o que são "esquerda" e "direita", distinguir o som de um carro ou o significado das cores dos semáforos. Portanto, quando você aprende, tanto se criam sinapses novas entre neurônios como se ativam outras sinapses da memória.

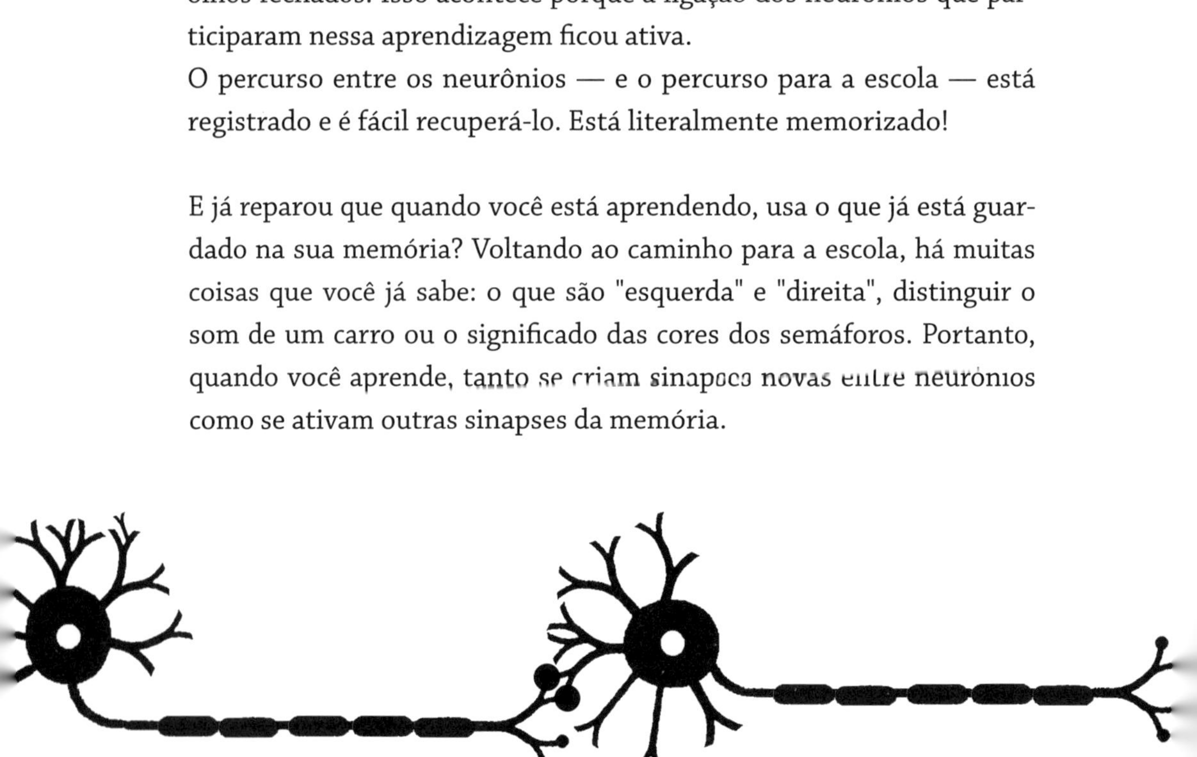

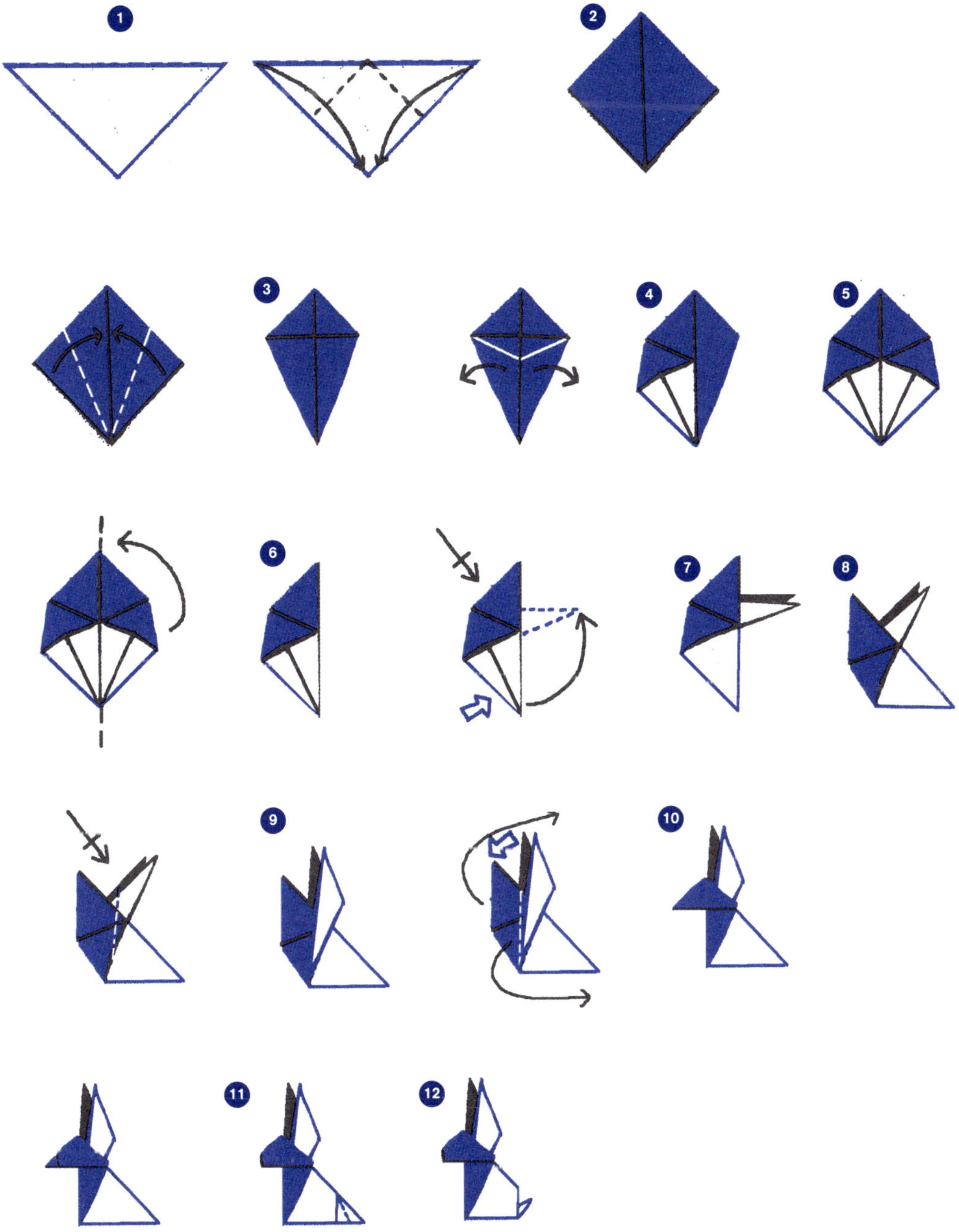

O treino fortalece as redes de neurônios.
Se você quer fazer bem alguma coisa, treine.

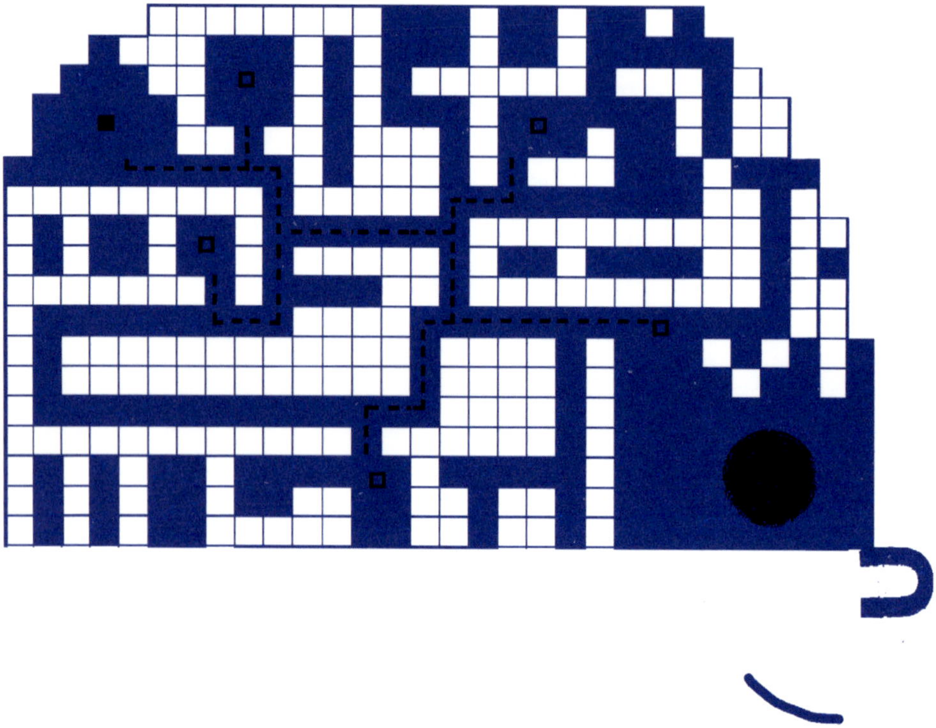

O GPS MAIS PERFEITO DO MUNDO

No caminho casa-escola, você recorre ao seu sentido de orientação, que atua como um mapa interno. Recentemente os cientistas descobriram que as células responsáveis por nos orientarmos no espaço são as células de grelha (situadas por baixo do hipocampo) e as células de lugar (situadas no hipocampo). Imagine uma folha quadriculada: as células de grelha compõem o mapa em forma quadriculada e as células de lugar são pontos que marcam a sua posição nesse mapa, informando onde você está, de onde veio e para onde vai. Essas células estão se ajustando permanentemente conforme memorizamos caminhos ou aprendemos novos percursos. Um verdadeiro GPS de coordenadas sensoriais!!

"Brincando também se aprende"
(agora quem o diz é o seu avô)

Uma das melhores coisas do mundo é brincar (em qualquer idade)! É que "brincando, brincando" também se aprende muito! Os cientistas estão tão convictos disso que fizeram da brincadeira um assunto sério. Olhe o que descobriram...

Quando você brinca, várias capacidades são estimuladas — a memória é uma delas e já vimos que é fundamental para aprender. Já pensou na razão de haver intervalos na escola? É para você colocar a cabeça (e o corpo) para brincar um pouco. Assim — está provado —, seu cérebro recarrega baterias para que você se concentre e consiga aprender melhor. Conforme a brincadeira escolhida — pega-pega, montar um quebra-cabeça, contar uma história —, você aperfeiçoa outras capacidades. Por exemplo, aprende a conhecer o seu corpo, a resolver problemas ou a aperfeiçoar a linguagem.

Quando brincamos, outra coisa importante acontece: aprendemos a lidar melhor com as emoções. Já reparou? Num jogo é fácil ficar contente quando se ganha, mas saber perder nem sempre é fácil. Além disso, a própria aprendizagem também pode ser uma brincadeira: já deve ter acontecido de você estar fazendo um cálculo de matemática e sentir que é uma espécie de jogo, ou ler um texto dramático em que interpreta as vozes de várias personagens e sentir que está brincando.

Tudo o que você domina se torna automático e inconsciente. Tomar banho, por exemplo: você já faz isso sem pensar. Criando ações automáticas, o cérebro te liberta para outras tarefas. (Enquanto coloca o xampu na cabeça, você pode planejar seu dia.)

Os bebês brincam o tempo todo. Puxam, empurram, abrem e fecham para obter respostas do mundo exterior e compreender melhor o espaço e os objetos.

Curiosidade: o melhor estímulo para aprender

Somos naturalmente curiosos. Não é por acaso que quando aprendemos a falar começamos imediatamente a fazer perguntas. Também é verdade que, quando sentimos curiosidade acerca de um assunto, torna-se muito mais fácil aprender sobre ele. Vamos supor que você é fascinado por vaga-lumes (e não é para menos, um animal com um aparelho luminoso dentro de si é mesmo fascinante!). Se aparecerem duas notícias, uma sobre a descoberta de uma nova espécie de vaga-lumes grandes e mais luminosos e outra sobre a reprodução de uma espécie de alga japonesa, qual vai querer ler primeiro? É exatamente esse entusiasmo que a curiosidade provoca! Os cientistas quiseram saber o que acontece no cérebro quando ficamos com sede de saber.

Juntaram algumas pessoas e fizeram a seguinte experiência: colocaram perguntas sobre temas que as interessavam muito e avisaram que as respostas teriam que ser dadas em 14 segundos. Durante esse tempo de espera, observou-se que aumentava a atividade no centro de recompensa do cérebro (que nos dá prazer) e também no hipocampo (uma das áreas das memórias novas). Além disso, verificou-se que ambas as áreas se comunicavam mais, como se o sistema de recompensa estivesse dizendo ao hipocampo "Prepare-se, vem aí informação que você vai adorar!". As pessoas gostaram tanto que, passado um dia, ainda se lembravam muito bem das respostas...

É MUITO FÁCIL DESPERTAR (E MATAR) A CURIOSIDADE

Certamente já aconteceu de você perder o final de um filme ou de um jogo esportivo. Com certeza você ficou furioso, porque a sua curiosidade foi despertada, mas você não pôde saciá-la. E quando alguém te conta o desfecho de um livro que você estava adorando? Com certeza você também ficou zangado, porque todo o entusiasmo que tinha se evaporou (e se calhar até perdeu o interesse pelo livro).

A curiosidade, neste caso, foi assassinada (o que até poderia dar um conto policial original). Se pensarmos que a curiosidade implica doses elevadas de dopamina (o neurotransmissor do prazer), talvez não seja por acaso chamar-se "desmancha-prazeres" a quem revela desfechos antes do tempo.

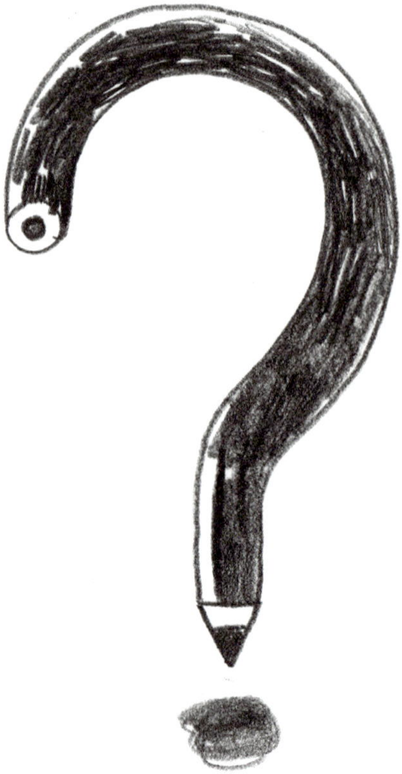

DESAFIO

Todas as perguntas terão uma resposta?

A curiosidade tem a certeza de que sim, de que todas as perguntas têm uma resposta, caso contrário não entraria em ação. Faça uma lista de perguntas que põem a sua curiosidade para funcionar e para as quais você ainda não tem resposta. Depois pense: será que alguém terá resposta para essas perguntas? Um livro conseguirá respondê-las? A internet? Uma pessoa de carne e osso? Você, pensando muito, porque lá no fundo já tem uma pista?

Você já domina?

Pense no seu cérebro como se fosse uma caixa de ferramentas (muito sofisticada, claro). Quando começa a aprender uma nova habilidade, como andar de bicicleta, o cérebro vai utilizar muitas ferramentas novas na tentativa desesperada de fazer você se equilibrar em cima de duas rodas, olhar em frente, ter as mãos preparadas para frear, prestar atenção no trânsito, enquanto as suas pernas pedalam (por tudo isso é bom aprender a andar num lugar sem movimento!). No entanto, com treino e tempo, as ligações entre neurônios ficam fortalecidas e mais duradouras e, curiosamente, depois de dominar a bicicleta, você não precisa mais pensar nisso. Já diz o ditado: "É como andar de bicicleta, nunca se esquece". (Mais adiante explicaremos o porquê.)

Quanto mais desafios você proporcionar ao cérebro, mais vai aprender. Quanto mais aprender, melhor você conseguirá se virar quando tiver problemas.

Quanto mais se pensa menos se aprende (será?)

Claro que não, mas em alguns casos, sim. Você já sabe que o córtex pré-frontal é útil para tarefas complexas (fórmulas de geometria, planos para o futuro, esse tipo de coisa), mas para aprender tarefas mais simples o melhor é ficar quietinho...

Isso ficou provado recentemente, num estudo científico em que foi pedido a um grupo de adultos que aprendesse um jogo muito simples. O resultado foi espantoso: observando as imagens cerebrais dos participantes, concluiu-se que aqueles que aprenderam com mais facilidade foram os que usaram menos o córtex pré-frontal! Ou seja, aqueles que não complicaram a aprendizagem, por exemplo, com hesitações na hora de tomar uma decisão. É caso para dizer: às vezes não pense, faça!

Esse estudo mostrou outra coisa importante: como as crianças e os adolescentes ainda não têm o córtex pré-frontal totalmente desenvolvido, levam uma grande vantagem sobre os adultos na hora de aprender uma série de coisas, como plantar bananeira ou tocar um instrumento.

10 para vocês!

É melhor dormir sobre o assunto

Passamos um terço das nossas vidas dormindo, desligados do mundo exterior. Parece muito tempo gasto fazendo nada. Mas não é bem assim. Enquanto estamos nos braços de Morfeu,[8] o cérebro está ativo, mas ainda não se sabe bem o que anda fazendo. Uma das teorias é que esteja juntando todas as peças do quebra-cabeça dos acontecimentos do dia. Às vezes até resolvemos problemas enquanto dormimos! Já aconteceu com você?

O cérebro tem dois modos de funcionamento:

- No modo "acordado", os nossos sentidos estão sempre enviando informações para o cérebro. Estamos ativamente aprendendo, experimentando, observando o mundo à nossa volta.
- No modo "dormindo", as portas sensoriais estão fechadas ou, pelo menos, adormecidas. Nesse período, julga-se que o cérebro esteja lidando com toda a informação que entrou no modo "acordado", para a arrumar e armazenar.

O sono é uma espécie de equipe da limpeza do cérebro. As coisas que estão espalhadas são arrumadas nos armários certos. As coisas que não têm uso são colocadas no lixo. Isso acontece porque o cérebro não está interessado em armazenar tudo o que entra e é muito importante que faça essa seleção e essa limpeza.

Quando você não dorme, ou dorme pouco, o cérebro fica com mais dificuldade de pensar e memorizar o que aprendeu. Por isso, já sabe, quando você tiver uma prova na escola, durma bem na véspera, para que o cérebro possa consolidar o que aprendeu.

---

8) Deus dos sonhos na mitologia grega.

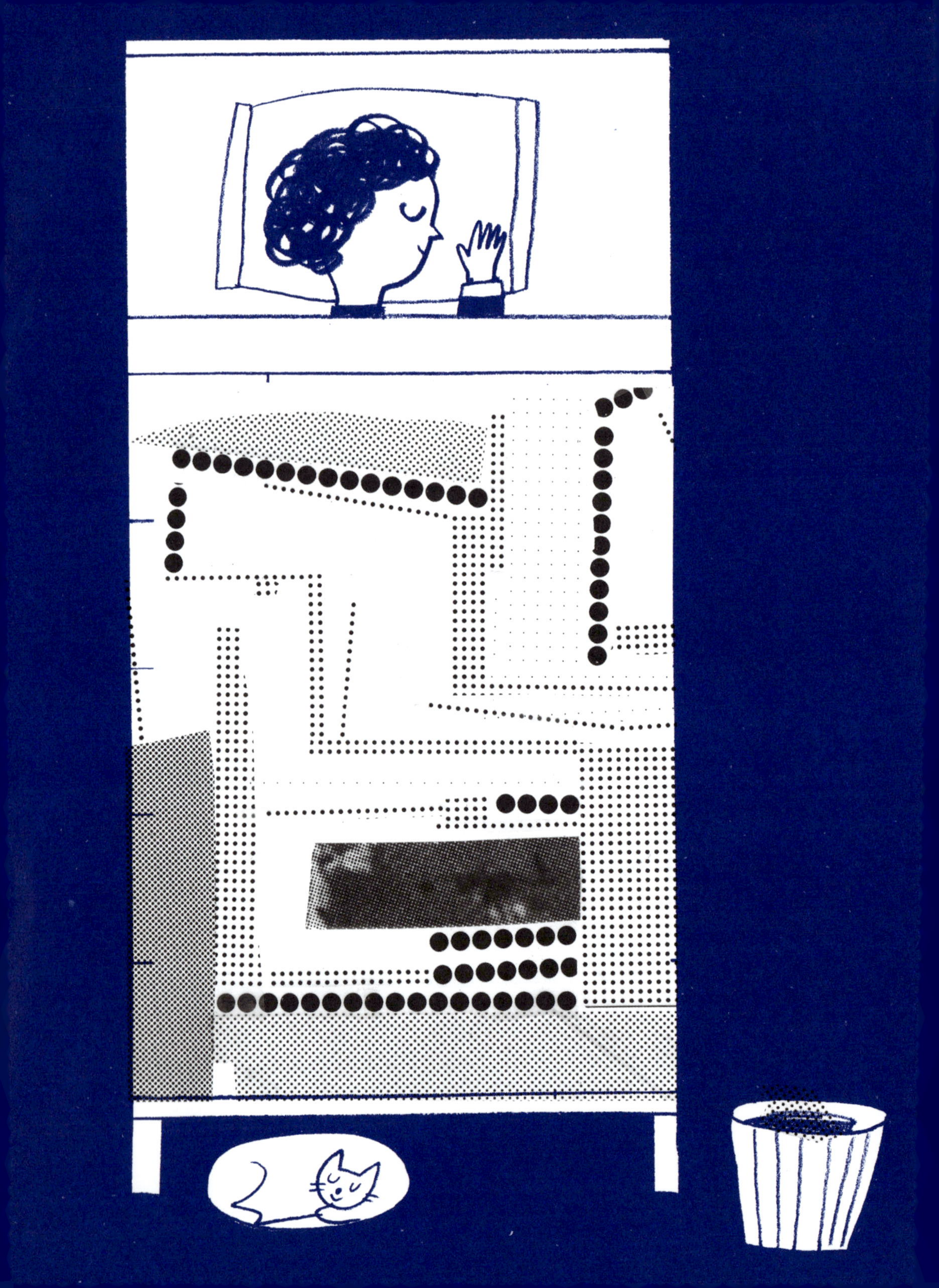

As baleias e os golfinhos desenvolveram um sistema de descanso muito prático: um hemisfério do cérebro descansa enquanto o outro permanece alerta. Desse modo, podem subir à superfície da água para respirar e reagir ao ambiente ao redor. Que ajuda nos daria essa forma de descansar!

(Isso também acontece porque esses animais não respiram automaticamente, ou seja, têm de estar conscientes para fazê-lo, caso contrário morrem.)

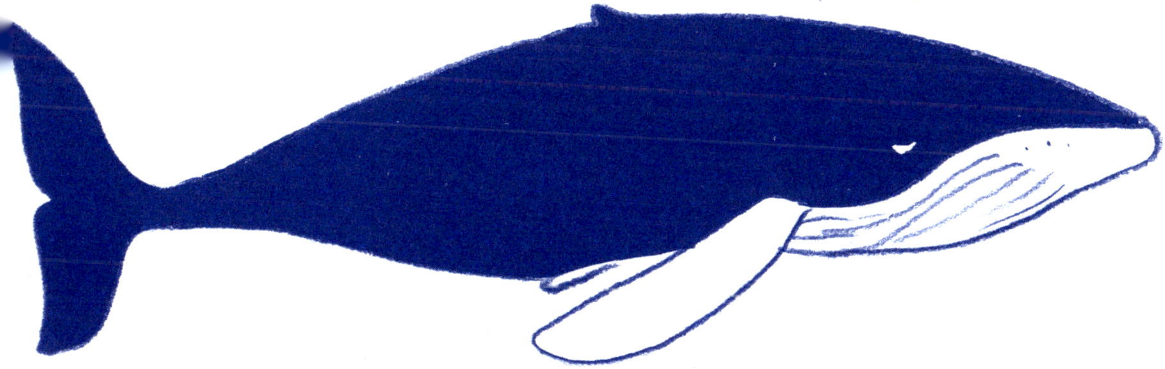

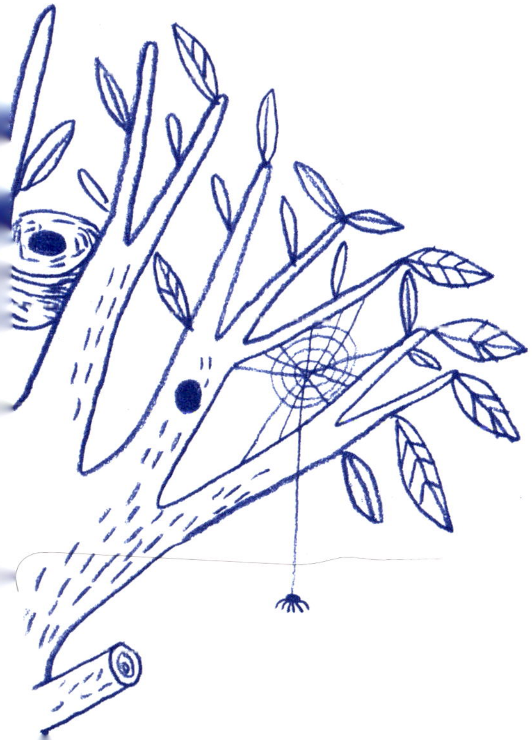

DESAFIO

Aprender com cada coisa do mundo

Enquanto você passeia no parque ou na floresta, pensa: o que pode aprender...

com uma árvore?

com uma folha?

com uma aranha?

com uma nuvem?

com a terra?

com um gato?

com uma pedra?

Aprender uma língua

Uma das aprendizagens mais espetaculares, cerebralmente falando, é o domínio de uma língua. Para aprendermos a falar sabe-se que é fundamental estarmos rodeados de pessoas que falam. E isso tem de acontecer desde que se nasce até os 8 anos (aproximadamente). Caso contrário, o cérebro não saberá usar as áreas dedicadas à linguagem verbal. Ou seja, como em tudo, precisamos de estímulos para ativar a aprendizagem. O hemisfério esquerdo é o especialista em linguagem. Eis algumas das áreas implicadas na fala:

1. Um amigo faz uma pergunta **(A)**. O que acontece?
2. Você ouve a pergunta e assim ativa a área dedicada a ouvir a língua **(B)**.
3. Você compreende a pergunta (esperamos que sim) e assim ativa a área dedicada a compreender a língua **(C)**.
4. Você pensa na resposta e responde **(D)** e assim ativa a área responsável pela fala **(E)**.
5. Você responde **(F)**.

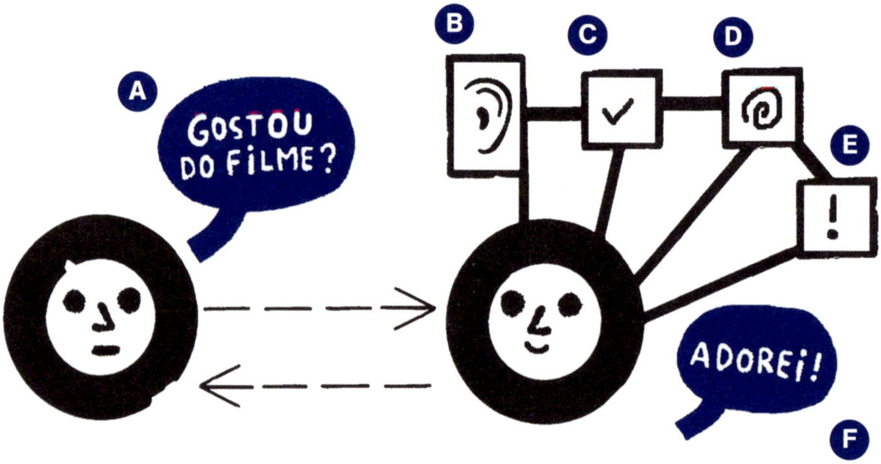

DESAFIO

Olhe e leia

Descubra quantas palavras você consegue encontrar em menos de dois minutos combinando estas letras (não precisa usar todas).*

O R E T A M P

E aprender a ler?

Ler é uma das tarefas mais complexas do cérebro: os cientistas ainda tentam decifrar o ato da leitura, mas já sabem que implica 17 áreas do cérebro! Aqui ficam só algumas:

- **Visão**, para decodificar os símbolos que são as letras (ou o tato, no caso das pessoas cegas, para sentir os símbolos de relevo);
- **Audição**, porque há sons associados a cada letra, a cada sílaba;
- **Memória**, que nos lembra de cada palavra e do significado associado;
- **Lógica**, ou seja, a capacidade de dar um sentido a cada frase.

Mas, assim que o cérebro domina a leitura, assim que você se torna leitor, lê sem qualquer esforço e muitas outras coisas espantosas acontecem dentro de você. Quando lê, você abre a porta para outros mundos e até para outras cabeças. Isso também é aprender. Entramos na cabeça dos autores da obra, mas também na cabeça das personagens criadas por esses escritores. Também é aberta uma porta para muitos conhecimentos — quando se consultam atlas, livros de experiências ou, agora, o *Aqui dentro*.

*Nós conseguimos encontrar mais de 70 palavras diferentes. Mas claro que demoramos mais de dois minutos...

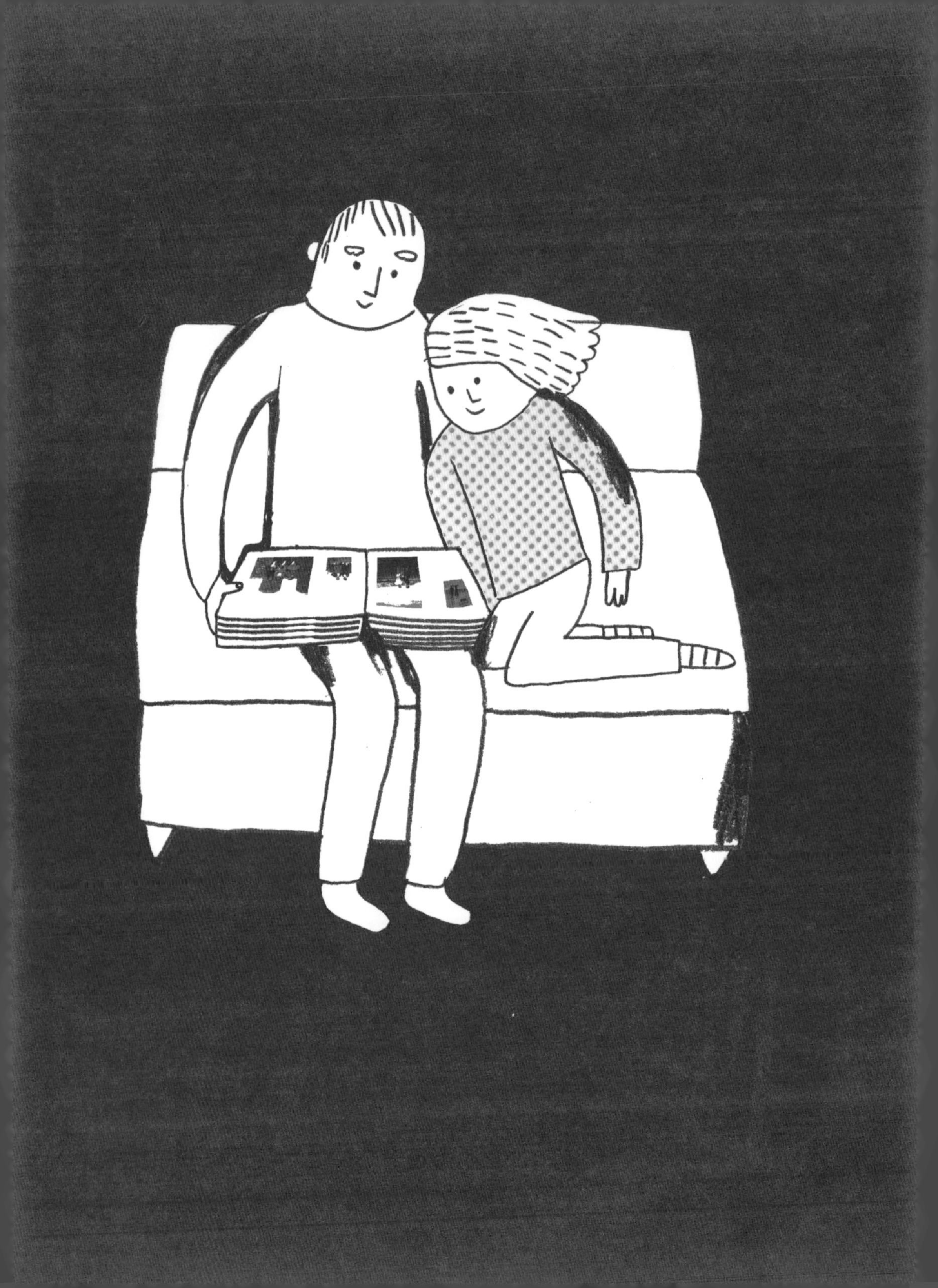

MEMÓRIA

Só imaginamos o futuro porque temos memórias do passado. Só sonhamos com as férias (e as desejamos) porque temos memórias de outras férias.

A memória é você

Você é o que aprendeu. Você é o de que se lembra.
Se alguém pergunta quem você é, onde vive ou o que faz, você recorre à sua memória para dar essas informações. E mesmo que esteja planejando o futuro — o que vai comer no jantar, o que quer fazer nas férias —, você precisa do seu passado, ou seja, você usa o que já sabe. Mesmo que não queira, você usa a sua memória, sempre.

Para além do aspecto físico e dos genes que te moldam, a memória forma a sua identidade como um ser único no planeta. Daí ser tão dramático quando alguém perde a memória, como acontece com os doentes de Alzheimer. Daí também os cientistas dedicarem tanta atenção a esse tema.

O que acontece para que uma música, uma viagem ou uma conversa se transforme em uma memória? Depois de alguns estudos, em que participaram lesmas e pacientes com problemas de memória (ver quadro), concluiu-se que, para que as nossas experiências fiquem gravadas em nós, os neurônios têm de se comunicar entre si repetidamente, criando sinapses sólidas.

Agora você pergunta: mas eu já não faço isso com a aprendizagem? Sim. Porque, até certo ponto, aprender ou memorizar é muito parecido: quanto mais nos lembramos de algo, mais essa informação é aprendida e fixada.

SERÁ QUE SOMOS PARECIDOS COM AS LESMAS?

Eric Kandel, cientista e Prêmio Nobel de Medicina de 2000, estudou o cérebro das lesmas marinhas *aplysia* para compreender como funcionam a aprendizagem e a memória. Apesar de levarem uma vida sem grandes agitações, as *aplysias* também aprendem com a experiência, e assim como nós retiramos a mão quando tocamos numa chama, elas encolhem certas partes do corpo quando são tocadas. Depois de serem tocadas repetidas vezes, aprendem a não reagir de forma tão intensa ao toque, o que prova que nas lesmas os neurônios também se modificam depois de aprenderem.

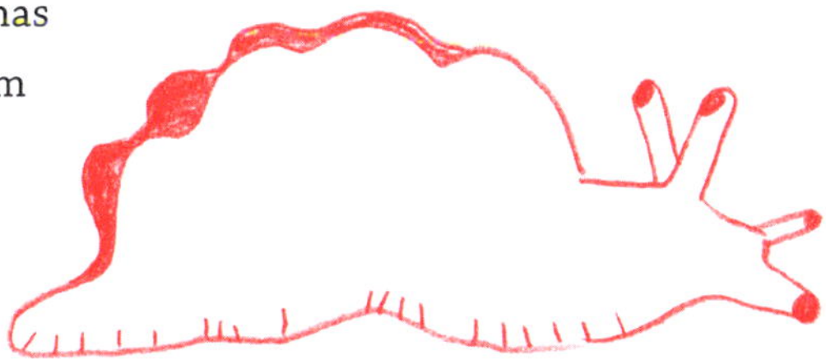

Existe um só centro de memória?

Até há pouco tempo imaginava-se que a memória era como tirar uma fotografia (de uma experiência, de um acontecimento) e armazenar essa experiência em uma gaveta de um arquivo gigante, onde estaria uma quantidade infindável de outras fotografias. Recordar seria o processo de recuperar essa fotografia tal e qual foi colocada lá. Porém, hoje os cientistas já compreenderam que esse processo é bem mais complexo, porque uma memória não é a fotografia exata do que nos aconteceu.

É como se essa fotografia fosse rasgada em muitos pedacinhos e cada pedaço correspondesse a cada um dos sentidos que esteve envolvido em sua criação. Quando recordamos, reconstruímos a fotografia com esses pedaços que o cérebro vai buscar nas diferentes gavetas do córtex sensorial (auditivo, visual etc.).[9]

9) Para saber a localização, consulte o Mapa do cérebro, no final do livro (p. 342).

Portanto, as memórias estão, na verdade, armazenadas em vários lugares simultaneamente. Mas (sempre) faltarão pedacinhos.
Um exemplo: o dia em que você fez um bolo pela primeira vez com a ajuda da sua avó. Você consegue se lembrar da blusa branca que estava usando porque a sujou de chocolate, mas provavelmente não se lembra da calça que vestia, ou se a sua avó estava constipada.

Também a emoção que essa memória traz será diferente conforme a sua idade ou o momento da sua vida. Por exemplo, a frase "com jeitinho você consegue" que a sua avó te disse quando você estava separando as claras das gemas poderá ser lembrada de forma diferente caso a sua avó esteja viva ou caso não.

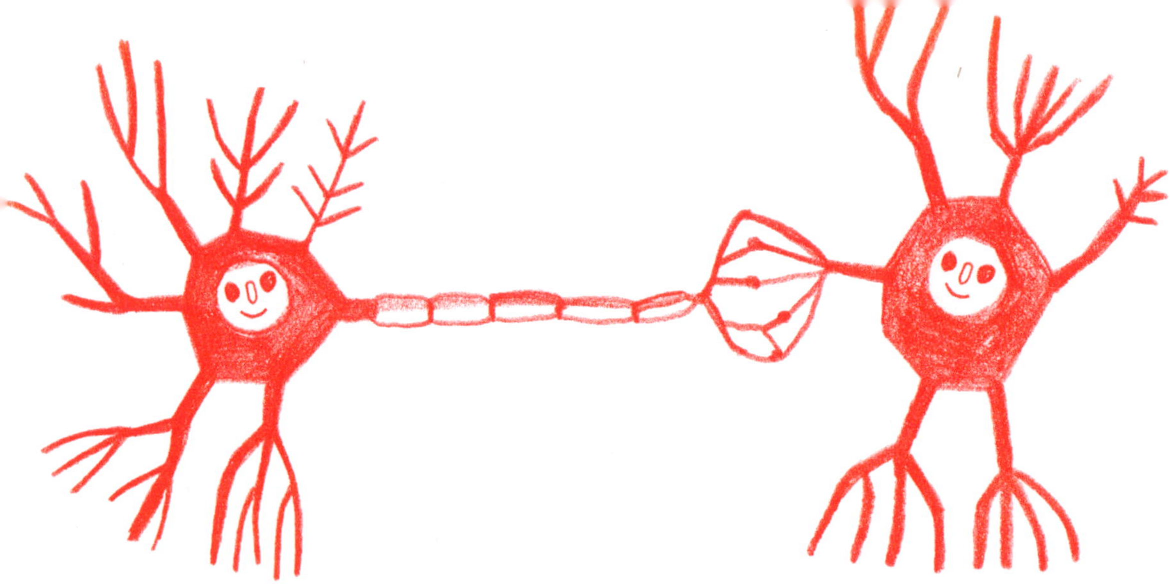

Uma memória é uma longa amizade entre neurônios.
Sempre que se encontram é uma festa!

Como se forma uma memória?

Memorizar implica vários passos:

1. Codificar: o cérebro transforma em código a informação que chega através dos sentidos (sons, cheiros etc.). É esse código que será armazenado na memória.

2. Processar: as informações em forma de código viajam até o hipocampo, uma das áreas mais antigas do cérebro, que se localiza bem no seu interior. O hipocampo é um grande centro de tratamento e triagem de dados que compara as informações novas que chegam com as que já existem, ou que estabelece associações (A é parecido com B e me faz lembrar C). O hipocampo é um especialista em cruzar dados e, em função de vários critérios — É novo? É emocionante? É inesperado? —, decide se a memória será de curto ou de longo prazo.

3. Armazenar: a memória de curto prazo está sempre recebendo coisas novas e esvaziando, como se fosse um armazém temporário (é usada, por exemplo, para decorar um endereço enquanto não o anotamos num papel). Mas, para se formar uma memória de longo prazo, ou seja, para uma informação ficar armazenada no córtex e ter o seu lugar permanente na nossa cabeça, o processo é diferente. É preciso que essa memória seja lembrada com frequência ou repetir regularmente a ação que ela guarda. Quando isso acontece, as ligações que se formaram entre neurônios (quando a memória foi criada) ficam mais fortes, mais sólidas!

4. Recuperar: as memórias de longo prazo ficam, então, guardadas no córtex que lhes deu origem (os sons no córtex auditivo, as imagens no córtex visual etc.) até serem chamadas, consciente ou inconscientemente. Uma memória só é uma memória quando você se lembra dela, ou seja, no momento em que a reconstrói. Sim, trata-se sempre de uma reconstrução, porque você nunca vai conseguir ter uma cópia exata da sua experiência passada.

DESAFIO

Pense em coisas antigas das quais se lembre:

Datas de aniversário, placas de carro, endereços e números de telefone antigos, definições que você sabe de cor, uma peça de roupa, um sabor, um lugar com todos os seus detalhes...

O HIPOCAMPO E A AMÍGDALA, OS SENHORES DO REINO DA MEMÓRIA

Memória que é memória tem sempre de bater à porta do hipocampo **(1)** e da amígdala **(2)**. No hipocampo as memórias levam um carimbo do espaço (onde aconteceu) e do tempo (quando aconteceu); na amígdala levam um carimbo da emoção (o que você sentiu).

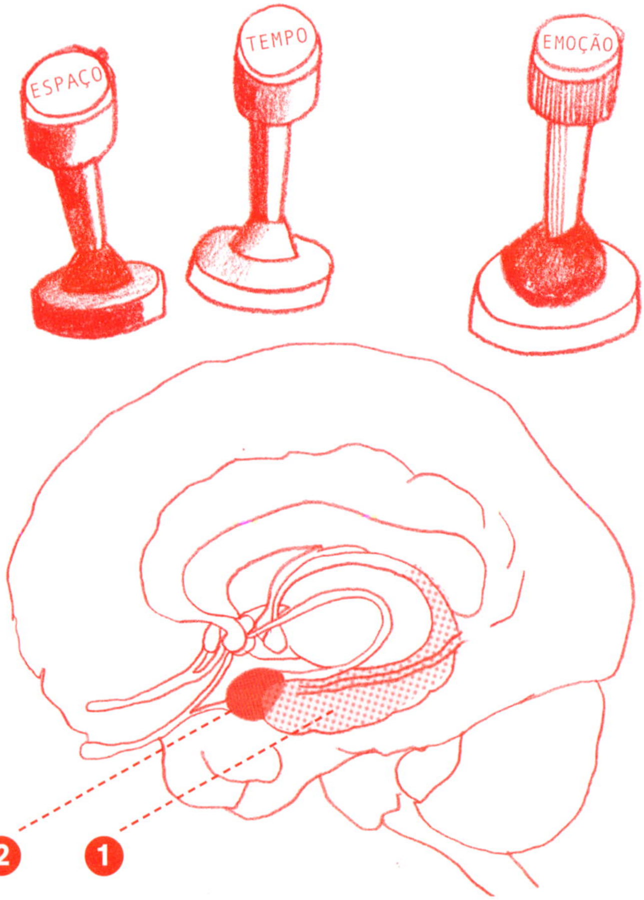

Como saber o que guardar

Há sempre muitos elementos disputando a entrada no reino da memória! Basta pensar, por exemplo, numa tarde de praia — a corrida para o mar com os amigos, os gritos na água, o sabor do sorvete que tomaram depois... Por ser uma experiência sensorial tão rica, o cérebro seleciona o que se destina a ser guardado.

Mas aí você pergunta: como o cérebro escolhe o que vai armazenar? (Os cientistas também se perguntam...). Sabe-se que as emoções têm um papel muito importante nessa seleção, ou seja, quanto mais emotiva for a experiência, maior a probabilidade de ser memorizada: se for muito importante para você (a tua festa de aniversário na praia), se for muito emocionante (um golfinho surgiu na praia), se for muito inesperada (na festa, um amigo que você não via há um ano apareceu) ou se for assustadora (veio uma onda gigante que levou as toalhas da areia), o cérebro "carimba" esses acontecimentos como "memórias duradouras". E faz isso com a ajuda da senhora amígdala, a responsável pelas emoções das memórias.

As memórias são o passado no presente.
Ajudam-nos a agir cada vez melhor.

NÃO SENTIR O CORPO, MAS CONSEGUIR PENSAR

Jean-Dominique Bauby provou que a memória somos nós: em 1995, esse jornalista francês ficou totalmente paralisado por causa de um acidente, só conseguindo mexer a pálpebra esquerda. No entanto, conseguia pensar e recordar. Embora não conseguisse se comunicar, decidiu escrever suas memórias com ajuda de uma pessoa especializada em língua francesa. Combinaram que essa pessoa soletraria o alfabeto e Jean-Dominique piscaria o olho sempre que ouvisse a letra certa. Assim se construiu, palavra por palavra, frase por frase, o livro que ele intitulou *O escafandro e a borboleta* — "escafandro" porque estava preso no seu corpo, e "borboleta" por causa do piscar do olho esquerdo, a única parte livre do seu corpo.

DESAFIO

Uma palavra fala por você

Escolha cinco palavras que consigam, todas juntas, dizer quem você é.
Se não gostar deste desafio, escolha uma canção que diga tudo sobre você.
(Se a dificuldade continuar, dance. O seu corpo arranja formas de falar que mesmo você desconhece.)
Este desafio não seria possível se você não tivesse memória de si!

O NEURÔNIO DO SEU AVÔ (OU "VOCÊ TAMBÉM É AS PESSOAS QUE VOCÊ CONHECE")

Entre os vários tipos de neurônios do cérebro, há um tipo que reage à imagem das pessoas que conhecemos. Essa descoberta foi feita durante uma experiência em que o neurônio de um participante ficou muito ativo quando ele viu o rosto da atriz americana Jennifer Aniston (até mesmo quando ouvia ou lia o nome dela)! Conclui-se que existe um neurônio para cada rosto que conhecemos, porque quando o participante via fotografias de outras celebridades, a resposta surgia em células distintas. Como não poderia deixar de ser, esse neurônio ficou conhecido como o "Neurônio Jennifer Aniston". Agora você já sabe que todas as pessoas que reconhece, incluindo os seus artistas favoritos, têm um neurônio só deles na sua cabeça (o seu avô também).

Me veio à memória...

Já aconteceu de você se lembrar de qualquer coisa que "não foi chamada", como se a memória tivesse vontade própria? E de se lembrar de algo que você nem sabia que sabia? Isso acontece porque a memória funciona sempre por associação. Podemos ter acesso a uma recordação através de estímulos muito diversos: um cheiro, uma música, uma fotografia ou apenas uma voz.

Para um escritor chamado Marcel Proust, cuja história contamos aqui, bastou o sabor de um bolo molhado em chá para acordar todas as recordações de infância que dormiam dentro da cabeça dele.

RECORDAÇÃO DE PROUST

As memórias de infância do escritor francês Marcel Proust deram pistas importantes aos investigadores sobre a relação que existe entre as sensações e a memória. Ao beber um chá onde tinha molhado um pedaço de madalena (um bolinho fofo e arredondado), ele foi invadido por uma "alegria poderosa". Proust interrogou-se sobre a origem dessa alegria súbita e concluiu que o sabor que então sentia ao beber o chá era o mesmo que tinha sentido na infância, nas manhãs de domingo na casa de sua tia Léonie. Portanto, uma colher de chá misturada com bolo foi suficiente para o seu cérebro ir buscar uma memória antiga e trazer-lhe não só a recordação da tia e do chá, como também a casa, as flores do jardim e as estradas do campo por onde passeavam quando fazia tempo bom.

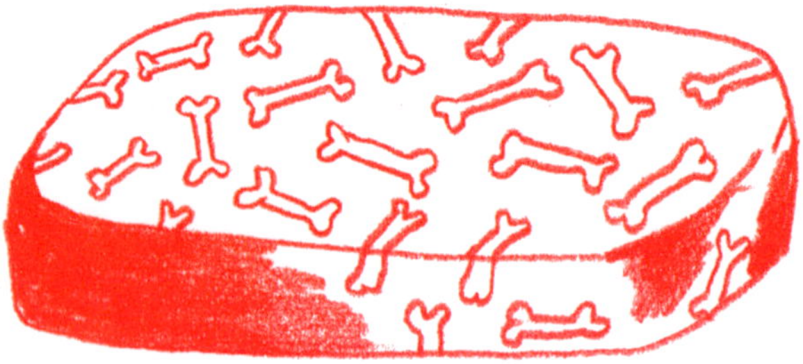

Este silêncio... me faz lembrar...
Onde andará o meu cachorro?

DESAFIO

Constrói o teu anzol da memória

Descubra as memórias do passado que estas palavras evocam.
Olhe para cada uma durante um ou dois segundos. Deixe surgir uma ideia sem pensar muito: emoções, pensamentos, imagens, sons...
Depois passe à palavra seguinte.

Nuvem
Cão
Bola
Laranja

Areia
Nariz
Sorvete
Cadarço

lá fora
20
2014

A FALTA DE MEMÓRIA MAIS VALIOSA PARA AS NEUROCIÊNCIAS

Henry Molaison, também conhecido como o paciente H.M., sofria de epilepsia grave. Quando, em 1953, os médicos arriscaram retirar de seu cérebro uma parte do hipocampo, as convulsões diminuíram, mas H.M. perdeu a capacidade de formar e guardar memórias novas. Por não ter uma parte do hipocampo, ele se esquecia de tudo passados poucos minutos! Por exemplo: era capaz de ter uma longa conversa, mas depois não se lembrava nem da conversa nem da pessoa com quem tinha falado. Apesar disso, conseguia aprender tarefas físicas (como trabalhos manuais). Assim, descobriu-se que existem diferentes tipos de memória. H.M. colaborou com os cientistas por 50 anos, tornando-se o paciente mais estudado (e mais famoso) da história das neurociências.

Onde deixei o caderno? E o celular?

Soa familiar? Na verdade, nosso cérebro foi feito para não se lembrar de tudo e assim funcionar melhor. Imagine como seria se não nos esquecêssemos de nada? Um pesadelo! No entanto, é muito frequente que a gente queira se lembrar de uma coisa importante e não consiga. Há várias razões para isso acontecer:

- <u>Falta de treino</u>: se não repetirmos a informação, ela não se transforma numa memória de longo prazo. Por exemplo, quando contamos um sonho a alguém é mais provável que não se evapore logo depois.
- <u>Sobrecarga da memória de curto prazo</u>: um pouco como quando temos uma lista de compras para decorar e, quando chegamos ao último produto, já não nos lembramos do primeiro!

- Confusão entre o que já sabíamos e uma informação nova semelhante. Imagine que você está lendo sobre um felino — a chita —, e que já conhece o leopardo e o jaguar. É possível que você possa confundir algumas características desses felinos, porque está acrescentando elementos parecidos aos que já conhecia.

Quando as memórias se misturam

Também podem acontecer fenômenos engraçados. Por exemplo: ter as próprias memórias de uma festa e, à medida que você ouve os seus amigos falando a respeito desse dia, você integra as memórias deles às suas.

E se lembrar de um episódio que aconteceu quando você era bebê, mas dizerem que é impossível que você se lembre daquilo? O mais provável é que você tenha visto fotografias e ouvido relatos e assim tenha, com todas essas informações, conseguido criar uma memória. Verdadeira? Falsa? Tudo se mistura...

POR QUE TEMOS UMA ESPÉCIE DE AMNÉSIA DOS PRIMEIROS ANOS DA NOSSA VIDA?

Ninguém consegue se lembrar da vida até os 2 ou 3 anos. Existem duas explicações para esse fenômeno: durante os primeiros anos de vida, o modo como nosso cérebro codifica as informações é diferente do que acontece nos anos seguintes. É como se o cérebro guardasse tudo numa linguagem diferente, à qual não temos acesso mais tarde. A segunda explicação tem a ver com o hipocampo: nessa idade, nosso hipocampo ainda é imaturo e não permite que as memórias fiquem armazenadas nas zonas das memórias de longo prazo.

ME

CONSCIÊNCIA

Não estamos aqui ou ali no cérebro.
O que somos é o resultado de muitas partes interligadas que trabalham simultaneamente.

O maior quebra-cabeças do mundo

Eu sou eu. Eu não sou o meu pai, a minha mãe, o meu irmão, o meu vizinho do lado ou uma pessoa que mora na Nova Zelândia. Eu sou eu. Pergunta: Mas o que me faz ser eu? O que está por detrás de tudo isso? Resposta: parece ser a consciência, a maior conquista do cérebro humano!

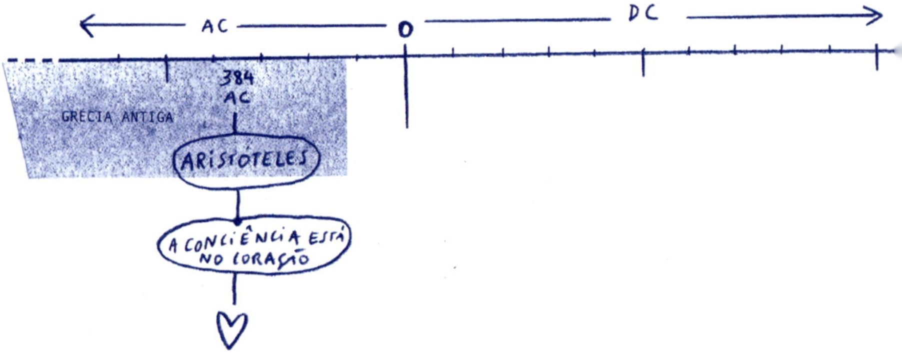

O problema é que o que parece simples torna-se mais difícil se continuarmos a perguntar: O que é a consciência? O que é preciso para que exista? Como é que sei que "eu sou eu"? Faz milhares de anos que os filósofos se debatem com essas perguntas: na Grécia Antiga, o grande filósofo Aristóteles (384-322 a. C.) achava que a consciência estava no coração, tirando o cérebro da jogada. Quase 2000 anos mais tarde, Descartes (1596-1650), outro grande filósofo, afirmou: "Penso, logo existo", mas, neste caso, fez o inverso, eliminou o corpo da jogada. Podemos dizer que o "problema da ligação mente-corpo" começou aqui com a proposta de Descartes. Desde então muitos pensadores têm se dedicado a tentar relacionar esses dois universos do ser humano.

Como é que eu sei que "eu sou eu"?

Como é que você sabe que um dia não vai acordar sendo outra pessoa? Para responder a essa pergunta, pode-se fazer uma outra, mais simples: O que é meu? Tudo o que você identificar como seu (até seus sapatos preferidos) dá pistas sobre quem é você. Mas não é o suficiente, claro...

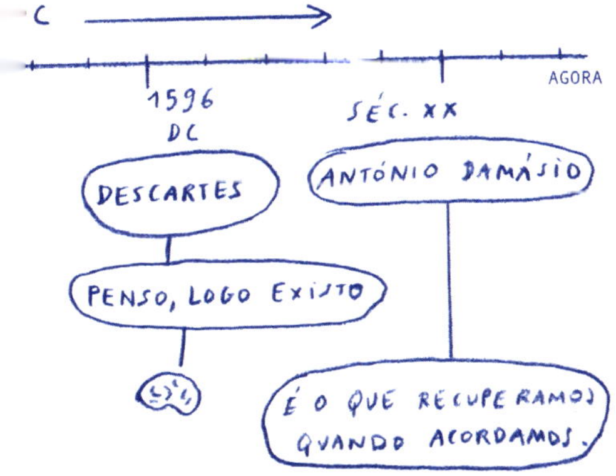

PRIMEIRO: o corpo é meu

Para começar, você tem um corpo. Você é o dono dele, e mesmo que você não soubesse nada mais, pelo menos sabia que esse corpo é o seu, e não o do vizinho. Esse corpo é a âncora do seu Eu. Mas como é que você sente que esse é o seu corpo? Tudo começa no tronco cerebral **(1)** — que se situa na base do cérebro e faz a ligação entre o corpo **(2)** e o córtex **(3)**. É aqui que a consciência começa a ser montada.

Mesmo sem você perceber, o tronco cerebral diz ao cérebro como o corpo está funcionando (as batidas do coração, a respiração etc.) e se há algo que o ameaça. Por sua vez, o cérebro diz ao corpo, sempre através do tronco cerebral, o que fazer para que se mantenha vivo e em equilíbrio.

O tronco cerebral também ajuda o cérebro a criar um mapa completo do corpo. Você não pensa nisso porque parece óbvio: você sempre sabe onde estão todas as partes do seu corpo, conhece e reconhece o próprio rosto. E se fechar os olhos, continua sentindo as pernas, as mãos, o estômago, e sabendo onde está cada parte em relação à outra. Também sabe onde está o seu corpo em relação ao espaço: isso se chama propriocepção, lembra?

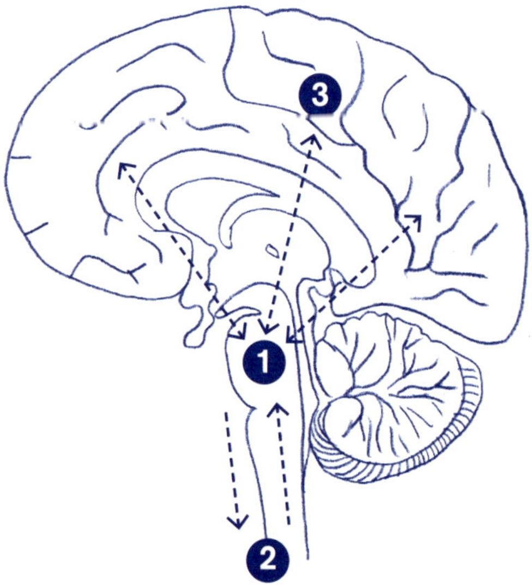

EU

SEGUNDO: as sensações são minhas

Na sua cabeça, a toda hora, há um filme de sensações passando. Mas o neurocientista português António Damásio, um grande estudioso da Consciência e do Eu, explica que essas imagens-sensações que a realidade nos dá não se limitam apenas a passar.

A nossa mente faz uma escolha — uma espécie de montagem, como se fosse o diretor de um filme — baseada em nossas memórias e experiências passadas.

É por isso que todo o mundo sensorial que o seu cérebro constrói é só seu. Essa é a segunda certeza dada para que você identifique a sua mente consciente.

Dois exemplos: se o sol pousa nos seus olhos fechados, quem sente o calor é a sua pele; se você está ouvindo o seu pai assobiando lá longe, quem se dá conta daquele som familiar é você (uma pessoa ao seu lado pode até ouvir, mas não o sentirá como você, porque não tem as mesmas memórias). Por essas razões, esse filme sensacional (literalmente) ao qual você assiste é só seu e dá provas da existência do seu Eu.

Já aconteceu de você cortar o cabelo e ficar com a impressão de que não parece você?

Todos temos a consciência da cor vermelha, mas como descrevê-la?

TERCEIRO: a história é minha

Você é a vida que teve e a vida que sonha ter. Nessa vida cabem a sua família, os seus amigos, a escola, o lugar onde vive e como vive, tudo do que gosta e não gosta, todas as suas experiências e aprendizagens e tudo o que planeja fazer amanhã e depois.

Não há outra história igual no mundo. Mesmo que você tenha um irmão gêmeo, só o compartilhamento do DNA[10] será igual, mas as experiências de vocês serão diferentes. Por exemplo, se fossem os dois andar numa bicicleta de dois lugares, um iria à frente e o outro atrás. Certo? Ou seja, a situação é a mesma, mas o fato de cada um fazer algo ligeiramente diferente, por si só, gera experiências subjetivas diferentes. Concorda?

A sua história está guardada na sua memória. As suas recordações, a ideia que você tem de si mesmo, mas também tudo o que você diz sobre você produz o seu Eu autobiográfico (a palavra biográfico refere-se à história da vida de uma pessoa). Por isso, pode-se dizer que a sua memória é você.

10) Ácido desoxirribonucleico é a molécula que contém as informações presentes em todas as células do nosso corpo.

VESTIR A PELE DE OUTRO EU

Ser ator é representar uma personagem, o que significa assumir um Eu diferente no palco. Muitos atores dizem que adoram fazer isso porque é uma maneira de serem uma outra pessoa por algum tempo. Há atores que pesquisam durante meses quando têm de representar a história de uma pessoa real, treinando os seus gestos, aprendendo a sua língua ou as atividades que fazia.

Na sala de cinema passa um só filme, mas são dezenas de espectadores — de Eus — que o interpretam: cada um com a sua consciência.

DESAFIO

Comunique-se com os seus diferentes corpos

Dentro do seu corpo é como se vivessem vários corpos.
Um digere, outro respira, outro faz circular o sangue,
outro está atento ao mundo, outro se emociona...
Você acaba de ganhar dois bilhetes para viajar pelo seu corpo.
Sente-se na posição de lótus e concentre-se.

VALE uma viagem pelo corpo que respira (IDA E VOLTA)

Inclui entrada suave pelo nariz, subida emocionante na expiração e a viagem de volta.

VALE uma viagem pelo corpo que está consciente.

Inclui os fantásticos (e sempre atentos) sentidos. ESCUTE, VEJA, CHEIRE, TOQUE, PROVE, REFLITA!

Mas então, o que é afinal a consciência?

Parece ser tão difícil responder a essa pergunta, que António Damásio, de quem já falamos, prefere explicar assim: a consciência "é o que perdemos quando caímos num sono profundo, sem sonhos, ou o que, depois de uma anestesia, recuperamos quando acordamos".
Mas se você perguntar: "o que é isso que perdemos e que recuperamos?", estará colocando a pergunta exata que os cientistas continuam a fazer. Porque, apesar de haver quem considere que a consciência é impossível de estudar, houve cientistas que, não se conformando, exclamaram: "Vamos lá meter a mão na consciência!".

Um pingo de consciência ou dois?

Você já sabe que para a consciência existir tem de haver um Eu com o seu corpo, as suas sensações e a sua biografia. Tudo isso em versão acordada. Damásio dá o exemplo de quando acordamos numa cama que não é a nossa e levamos alguns segundos para nos orientarmos e "tomarmos consciência" de onde estamos. O mesmo acontece quando estamos caindo de sono. Nesses momentos, não somos donos e senhores de uma mente organizada, ou seja, não dominamos as nossas capacidades mentais.
Para este cientista, para estar em plenas funções da sua consciência você tem de:

- Estar acordado;
- Ter a mente operacional (saber onde está é o começo);
- Ter nessa mente a sensação do Eu como protagonista da experiência.

"Que inconsciência!", é o que se diz quando alguém faz algo sem ter pensado bem. Mas, na verdade, a mente só fica inconsciente no sono, durante uma anestesia ou um desmaio, ou devido a uma doença cerebral.

DESAFIO

Bom dia, você está aí?

Quando acorda, como sabe que você está aqui?
Da próxima vez que acordar, tente se aperceber desse processo
que é passar do sono à vigília (o contrário do sono).
No seu caso, como ele acontece? De repente ou muito lentamente?
Você demora em perceber onde está, em saber que dia é?
Demora a mexer o corpo ou logo começa a se espreguiçar?
Que sensações o seu corpo te traz assim que você se reencontra com ele:
fome? Sono? Medo (pelo dia que te espera)?
Alegria (pelo dia que te espera também)?

Consciência: onde você está? E onde não está?

Quando se quer definir alguma coisa difícil, pode ser útil começar por aquilo que já se sabe que essa coisa não é. Em relação a esse assunto, sabe-se que não há uma parte do cérebro responsável pela consciência, assim como não há neurônios específicos dedicados a ela. E também se sabe que estar consciente não tem a ver com a quantidade de neurônios ativos.

Então o que é que se sabe?

Estudos feitos em pessoas que receberam anestesia mostraram que, antes de ficarem inconscientes, as diversas áreas do cérebro deixaram de se comunicar entre si, como se se fechassem pontes por onde passava o trânsito. Isso parece ser a chave da nossa consciência: a intercomunicação entre as diferentes zonas do cérebro!

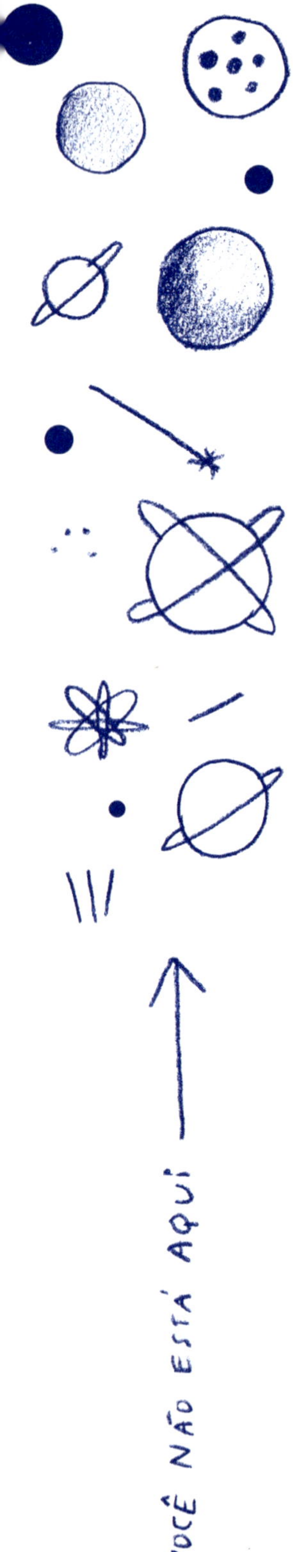

Sabe-se também que entre as zonas do cérebro implicadas na consciência se encontram o tronco cerebral, partes do tálamo e regiões específicas espalhadas pelo córtex cerebral. Para estarmos conscientes, essas áreas têm de funcionar ao mesmo tempo.

E se eu carregar aqui, o que acontece?

Recentemente foi feita uma descoberta desconcertante: escondida no centro de cada hemisfério existe uma pequena e fina camada de células chamada "claustro", que talvez possa ser considerada uma espécie de "chefe de operações da consciência". Até pouco tempo atrás não se fazia ideia para que servia, mas quando os cientistas a estimularam eletricamente num paciente que tinha convulsões, ele ficou inconsciente instantaneamente! O que mais intrigou os cientistas foi como é que um elemento tão pequeno pôde ter um efeito tão poderoso em algo assim significativo como a consciência. Os estudos sobre o pequeno claustro prosseguem...

Sonhar é a (in)consciência brincando

Se para haver consciência é necessário estarmos acordados, o que está acontecendo nos sonhos, se sabemos que eles não são a consciência? Estamos perante uma produção do cérebro, como um filme baseado em tudo o que fazemos quando estamos conscientes. Em outras palavras: nos sonhos, o cérebro cria histórias sem a ajuda da consciência.

E para que servem os sonhos? Uma hipótese:

Acredita-se que os sonhos são importantes para arrumarmos melhor as nossas experiências, emoções e memórias. Imagine que a sua vida é um quebra-cabeça que você vai montando ao longo dos dias, meses e anos. Durante os sonhos, o cérebro desmonta-o todo, muda as cores e o formato e dá pernas e braços a cada peça. Ou seja, o cérebro organiza as emoções, as experiências e as memórias. Às vezes os sonhos também traduzem o nosso estado emocional, como quando algo nos preocupa muito (um exame que vai fazer, um desentendimento com um amigo).

SE VOCÊ NÃO SE LEMBRA DOS SONHOS, A CULPA É DOS NEUROTRANSMISSORES

Um outro grande estudioso dos sonhos e da consciência, o neurocientista Allan Hobson, diz que temos muita dificuldade de lembrar dos sonhos porque, no momento de acordar, sobem os níveis de serotonina (o neurotransmissor que ajuda a regular o sono). À semelhança de uma onda, esse neurotransmissor varre a experiência do sonho que estávamos tendo, impedindo que seja codificada pela memória de curto prazo. Mas há truques para você se lembrar dos sonhos. Continue a ler!

O ARTISTA, SEU INCONSCIENTE E UMA COLHER

Os surrealistas foram artistas dos anos 1920 que queriam adentrar o mundo dos sonhos para usá-lo em suas obras de arte. Mas como aceder a esse material inconsciente quando estamos acordados? Um dos métodos que usavam envolvia uma colher. Sentavam-se confortavelmente e, com uma colher na mão, deixavam-se adormecer. Nesse momento, quando o corpo relaxava e se entregava ao sono, a colher escorregava da mão e caía com estrondo no chão, acordando-os. Então, meio adormecidos meio acordados, escreviam todos os pensamentos que lhes vinham à cabeça. Esses pensamentos surreais (palavra que significa que algo não corresponde à realidade) eram depois usados em suas obras. Um dos pintores mais famosos do surrealismo foi Salvador Dalí.

DESAFIO

Explore o material dos teus sonhos

Adormeça sentado numa cadeira ou poltrona, como os surrealistas. Se quiser que a colher faça mais barulho ao cair no chão, coloque algo de metal por baixo.
Não se esqueça de ter caneta e papel à mão para anotar tudo o que a sua consciência entorpecida te disser assim que você abrir os olhos.

A sua mente é um território só seu.
Lá você pode viver com toda a liberdade!

Você é único

Agora que você está em cena com o seu Eu consciente, falta ainda explicar porque você é como é, com esses traços tão seus... que fazem as pessoas dizerem: "Você tem o jeito do seu pai quando lê..."; "Você tem a mão boa para bolos como a sua avó!"; "Não sei a quem você saiu, com essa teimosia...".

Parece que há traços de comportamento e de personalidade que nascem com a gente, herdados dos nossos ascendentes. Será assim? Para investigar essa questão os cientistas acompanharam a vida de oitenta gêmeos idênticos. Verificaram que nos primeiros anos de vida os gêmeos tinham uma maneira de ser e de reagir muito parecida. Mas, com a idade, começaram a surgir diferenças. Concluíram também que, quando os gêmeos não convivem muito ao longo da vida, as diferenças entre seus traços aumentam ainda mais. Conclusão parecida foi encontrada numa experiência com ratos clonados. Com apenas um mês de vida, foram colocados num espaço cheio de estímulos durante três meses. No início, havia poucas diferenças no comportamento deles, mas rapidamente se observou que uns eram mais aventureiros para explorar as redondezas, enquanto outros preferiam rondar apenas o local perto da comida e da água. O que esses estudos observam é que há uma parte da nossa individualidade que herdamos dos nossos pais, e outra parte tem a ver com as experiências de vida que vão moldando a nossa forma de ser.

Antes, agora e depois:
não somos iguais
o tempo todo.

DESAFIO

Mudar de casa

Imagine que você pode mudar de corpo. Que pode pegar tudo em si — na sua história e nas suas memórias, nas suas opiniões e em todos os seus projetos — e se mudar para outro lado. Para um corpo de outra pessoa: mais alta ou mais baixa, mais magra ou mais gorda, com outra cara e cabelo. Imagine-se no corpo do sexo oposto (sim, tente).
E se você se mudasse para o corpo de um cavalo que corre estrada afora?

Escolha esse lugar, pegue você mesmo e transporte-se inteiro. Depois pense melhor: será que vim mesmo inteiro?

CORPO / AÇÃO

Para descascar uma maçã sem se cortar,
são necessários trilhões de cálculos.
Sem saber disso, seu corpo é perito
em matemática.

1

1

Você é mais de mexer as pernas ou os neurônios?

Ora aqui está uma pergunta um pouco tonta. Porque para mexermos as pernas precisamos obviamente de milhões de neurônios. Quer seja dançar, dar uma gargalhada ou fugir de um cachorro, qualquer movimento que fazemos é resultado da viagem de um impulso elétrico entre o cérebro e os músculos.

Por que é que nos mexemos?

O cérebro existe para podermos agir. Sobre nós próprios e sobre o que nos rodeia. Por exemplo: se de repente der uma trovoada, pode correr e procurar um lugar abrigado. Uma pedra não tem essa capacidade.

UMA EXPERIÊNCIA COM TARTARUGAS E CÓCEGAS

Quantos neurônios mexemos quando coçamos uma perna? À procura de pistas, um grupo de cientistas resolveu fazer cócegas num grupo de tartarugas.

Objetivo: gerar um movimento reflexo (ou seja, automático). Neste caso, conseguir fazer com que as tartarugas coçassem uma pata traseira.

Descoberta: as tartarugas têm cócegas! (Não, não é essa a descoberta!) Os cientistas descobriram que um reflexo tão simples como coçar uma pata envolve uma rede bastante longa de neurônios.

Pergunta: por que será que há tantos caminhos do córtex até as patas?

Hipótese: os cientistas pensam que essa rede é tão longa e espalhada para, em caso de acidente, a regeneração ser mais fácil.

DESAFIO

Bom dia, neurônios motores!

O cérebro controla tudo, não apenas os braços e as pernas, mas também as fibras musculares da língua, dos olhos e do nosso rosto. Coloque-se em frente ao espelho e experimente diferentes expressões faciais. Aproveite para cumprimentar seus neurônios motores.

Como agimos?

Ação significa quase sempre movimento. E os movimentos voluntários — aqueles que fazemos porque assim decidimos — envolvem várias áreas do cérebro, em especial a medula espinal e o córtex motor, que, juntos, controlam centenas de músculos do corpo. Observemos como tudo se passa:

Imagine que você está na sala de aula e quer participar. Bem, na verdade, você não tem muita certeza, e inicia o processo de tomar uma decisão.
Perguntas surgem dentro da sua cabeça: Será que vale a pena? Participo agora ou daqui a pouco?
Os seus neurônios reúnem informação (dados estatísticos e também emoções) e finalmente decidem-se: vamos!

E agora, o que faz alguém dentro de uma sala de aula que quer muito participar?
É isto: levanta a mão!

Repare em tudo o que está contido neste gesto simples:

(1) O córtex pré-frontal, comandante de todas as decisões, prepara o plano. Para realizá-lo, recebe informação relacionada com o espaço. Neste caso, por exemplo: onde é que o seu braço está neste momento? E a mesa em relação ao braço?

(2) O córtex prepara uma sequência de movimentos precisos para atingir seu objetivo. Para isso, convoca o cerebelo (uma das áreas responsáveis pelo controle de movimentos) para saber que músculos e articulações ativar ou calcular os ângulos certos para você não bater com o braço em lado nenhum...

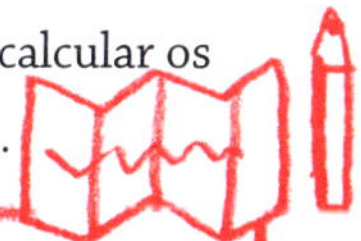

(3) O córtex motor, o tronco cerebral e a medula espinal gritam: ação! O córtex emite uma mensagem com todas as indicações necessárias (músculos, articulações, força, direções, ângulos).

(4) Os neurônios motores (cabos compridíssimos que podem se estender da cabeça às pontas dos pés) transportam a mensagem até as fibras musculares — neste caso, do seu braço e do seu indicador direito.

(5) Aqui, num lugar chamado junção neuromuscular, os neurônios liberam um neurotransmissor, o tal químico que dá ordens e indicações. É essa substância que diz aos músculos para se contraírem ou alongarem. E assim o seu braço se levanta e o seu indicador se estica.

(6) Agora, sim, você finalmente pode falar. Força!

E os indecisos?

Nem sempre é fácil decidir. Para tomar uma decisão, o cérebro tem de analisar uma montanha de dados! É por isso que, para algumas pessoas, decidir o que vestir pela manhã pode ser como resolver uma charada e, para outras, escolher um iogurte entre cinquenta variedades disponíveis pode ser um pesadelo. Tanto em relação a iogurtes como a calças, há dois tipos de decisores: os que passam horas comparando hipóteses e os que não perdem um minuto para pensar... Em que grupo você se encaixa?

É no córtex pré-frontal que se decide:
olho para a tela ou ouço a minha irmã?

O cérebro tem redes de neurônios
que se ligam com objetivos contraditórios.
Muitas vezes essas redes competem entre si:

▶ Eu quero apagar a luz para dormir!

▶ Eu quero ler só mais este capítulo!

Quem ganhar a competição, leva a taça da decisão.

Todos somos acrobatas incríveis

Uma ginasta faz um salto com pirueta vertical num minitrampolim e o ginásio quase vem abaixo. Um jogador de futebol faz uma jogada (impossível!) e põe o estádio de pé. Um bailarino é tão, tão perfeito no seu movimento que comove a plateia.

Só em momentos como esses percebemos o controle de movimentos incrível de que o corpo humano é capaz. No entanto, todos nós, nos nossos movimentos cotidianos, somos capazes de proezas complexas. Tarefas simples, como amarrar os sapatos ou pegar um copo de água exigem grande destreza e só conseguimos realizá-las porque o sistema nervoso central é mais incrível do que o mais incrível dos computadores (você já vai saber por quê!).

Um computador de probabilidades

Um pesquisador chamado Daniel Wolpert, um dos grandes especialistas no tema das ações, diz que os computadores até podem conseguir vencer os melhores jogadores de xadrez do mundo, mas que quando falamos de destreza física (isto é, habilidade, agilidade), qualquer computador leva "de dez a zero" de uma criança de 5 anos!

O que é mais espantoso em nós, humanos, é o modo como conseguimos prever que movimentos serão necessários para fazer uma ação. Ou seja, como conseguimos controlar o corpo, o espaço, o tempo e as coisas inesperadas que acontecem naquele preciso instante, muitas vezes no meio de mil coisas que estão acontecendo à nossa volta. Além disso, a precisão e a elegância com que conseguimos fazer muitos desses gestos também causam admiração.

Conseguimos porque, segundo Wolpert, o nosso cérebro é imbatível em lidar com situações imprevistas e também em distinguir entre informação relevante e ruído que não interessa (para você saber mais sobre filtragem de informação, consulte o capítulo "Sentidos").

HUMANOS *VERSUS* ROBÔS

Os robôs são fantásticos, mas a sensação que temos é de que neles falta sempre alguma coisa, não é? Os pesquisadores acham que a área em que os robôs ainda estão a léguas dos humanos se refere à sua capacidade de prever o que vai acontecer em seguida. Os robôs precisam sempre esperar por um *feedback* (resposta) do mundo exterior para saberem qual o próximo passo. Pelo contrário, nós não esperamos: simplesmente agimos, tendo em conta as melhores probabilidades que o nosso cérebro já se encarregou de processar com base na memória.

Eis como o cérebro compara para poder agir:
Quando agimos, comparamos a informação que estamos recebendo no momento com os dados que temos guardados dentro de nós e que resultam da nossa experiência passada em situações semelhantes. Por exemplo, como foram as últimas vezes que andei de patins neste lugar? Essas comparações são feitas numa grande, grande velocidade, e permitem que o cérebro faça um cálculo de probabilidades e dê ordens precisas aos músculos para agirem de acordo com elas (esquerda, direita, avançar, parar, virar!). Depois, a cada instante, reposicionamos os nossos movimentos de acordo com a resposta que recebemos do exterior, através dos sentidos. Neste caso dos patins: qual a minha posição no espaço? O que me dizem os meus olhos acerca da distância a que estou daquela parede? O que me diz o som dos rolamentos no chão? É claro que quanto mais tempo vivemos, melhores serão as previsões que o nosso cérebro conseguirá fazer.

Dopamina, me diga você...

Como é que o cérebro sabe se estamos agindo corretamente?
Através da dopamina!
A dopamina é um neurotransmissor que serve para nos indicar se estamos no bom caminho. Imagine que você é centroavante: quando marca um gol, a dopamina aumenta, gravando no seu cérebro a informação de que você tomou uma boa decisão (arrematando desta ou daquela maneira); quando você não marca gol, a dopamina diminui e você fica sabendo que as opções que tomou não conduziram a um bom resultado.

Mas, atenção: como em tudo, a dopamina em excesso também pode ser prejudicial. Viver atrás de dopamina pode se tornar viciante (por exemplo, esperando *likes* no Facebook!) e pode impedir de nos focarmos e pensarmos mais profundamente nas coisas (ver capítulo "Boa Forma").

Imagine agora que estamos na fase de pênaltis da final da Copa do Mundo... Em que estará pensando o goleiro?

DESAFIO

Você sabe descascar uma maçã?

Se não sabe, treine. Só treinando o corpo aprende. Peça a um adulto que te ensine. Se já sabe, temos um desafio maior: descascar uma maçã até o fim sem que a casca se parta.

Não coma, não durma, não fale

Quase tudo o que fazemos ou pensamos se traduz numa ação. Por exemplo, sentimos a temperatura e decidimos se vestimos um casaco; calculamos o tempo que aguentamos debaixo da água num mergulho para sabermos qual o momento certo para voltar à superfície.

Mas, se é certo que existe esse processo de agir, há um outro que é o de não agir propositadamente. Ou seja, temos não apenas a capacidade de falar, comer, dormir etc., mas também a capacidade de "não falar, não comer, não dormir" porque assim decidimos. Essa capacidade — à qual os investigadores chamam "inibir ações" — é muito interessante e tem permitido chegar a conclusões inesperadas.

Uma experiência com crianças, bolachas e *marshmallows*

Tudo começou nos anos 1960, quando um cientista decidiu juntar numa sala crianças de 4 anos e um prato de guloseimas.

<u>Objetivo</u>: estudar a capacidade de as crianças controlarem os impulsos e adiarem uma pequena recompensa, trocando-a por uma recompensa maior mais tarde.

Método: cada criança foi convidada a entrar numa sala onde havia apenas uma cadeira, uma mesa, uma travessa com doces e uma campainha. O cientista (que se chamava Walter Mischel) explicou que teria de sair da sala por algum tempo e que se a criança conseguisse não tocar nos doces, o esforço seria recompensado com duas guloseimas quando ele regressasse; se a criança não aguentasse a espera, poderia tocar a campainha, Walter viria imediatamente e lhe daria uma (mas apenas uma) guloseima.

Conclusão: Walter observou que todas as crianças se sentiram tentadas pelos doces, mas, enquanto algumas conseguiram se distrair (tapando os olhos, brincando com o cabelo), a maioria não conseguiu esperar mais do que três minutos (Walter esteve fora cerca de 15 minutos... o que é uma eternidade em frente a um prato de doces!). Algumas das crianças mostraram-se tão impacientes que nem sequer tocaram a campainha... atacaram logo o prato!

O mais interessante ainda estava por vir...

Este grupo de crianças foi acompanhado por pesquisadores durante vários anos, para se tentar perceber se havia alguma relação entre a capacidade de esperar e a vida de cada uma delas. Por exemplo: será que quem conseguia esperar e adiar uma recompensa teria mais ou menos problemas no recreio? Lidaria melhor ou pior com a ansiedade? Teria melhores ou piores resultados na escola?
Os dados mostraram que, em geral, quem tinha conseguido adiar a recompensa imediata tinha menos problemas — na escola, com os amigos e, mais tarde, na vida profissional!

Por quê? Porque conseguir arranjar estratégias para atingirmos um objetivo de longo prazo — que pode ser comer mais um *marshmallow*, mas também coisas mais sérias, como fazer um curso, persistir no treino de um esporte etc. — pode ter grandes consequências na nossa vida.

Pequena nota: Tudo isso tem a ver também com antecipar as consequências e prever o que vai acontecer. Ora, essa é uma especialidade do córtex pré-frontal que, no caso das crianças e dos adolescentes, ainda está em formação. Ou seja, quando somos mais novos pode ser mais difícil pensar no futuro distante e, por isso, não hesitamos em atacar o primeiro prato de guloseimas que nos põem à frente...

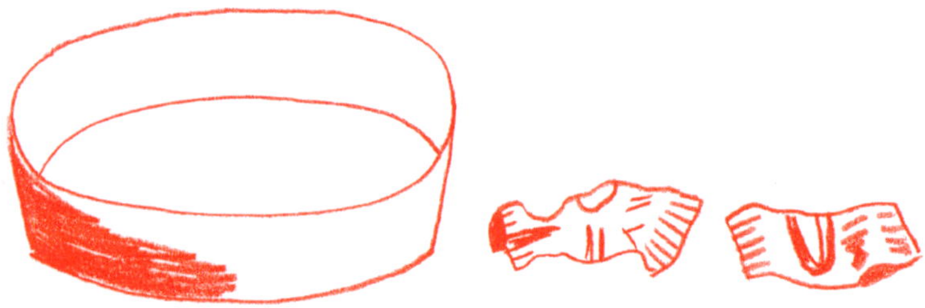

E depois disso tudo:
Gasto a mesada da semana
em balas ou poupo para comprar
ingresso para aquele jogo espetacular?
Desisto das aulas de karatê ou
persisto até conseguir mudar de faixa?
Ninguém disse que a vida era fácil...

DESAFIO

Bom dia, deseja alguma coisa?

Não é só aquilo que fazemos, dizemos ou sentimos que nos define.
Também aquilo que desejamos diz muito sobre quem somos.
Somos humanos e, por causa disso, não nos basta apenas comer e dormir...
Somos o que somos porque desejamos coisas.
(E por coisas não se entenda apenas um par de tênis novos.
Essas coisas incluem, por exemplo, aprender um truque de ilusionismo,
ir à Índia, organizar uma festa com os amigos...).
Pense em:

- Coisas com que tenha sonhado (e concretizado)
- Coisas com que sonha (e quer concretizar)
- Coisas com que sonha (e não sabe bem se vai conseguir concretizar... pois podem não depender apenas de você).

Coisas possíveis, coisas impossíveis

A cada momento, temos presentes todas as partes do nosso corpo e conseguimos nos conectar imediatamente a muitas delas, enviando instruções que são cumpridas em milésimos de segundo: "olhos, fechar!"; "cabeça, virar!"; "dedo, dobrar!".
Dê algumas instruções ao seu corpo e repare como ele obedece. (Claro que é sempre possível dar instruções ao corpo que ele não tenha a capacidade de realizar. Você pode, por exemplo, tentar dizer à cabeça para dar uma volta de 360º!)

Decida: possível ou impossível?

- Parar de rir quando uma piada é boa demais.
- Acalmar-me quando estou muito nervoso.
- Deixar de estar apaixonado por alguém.
- Esquecer que tenho fome quando estou esfomeado.

"Que graça isso tem?", o cérebro pergunta...

Experimente fazer cócegas em você mesmo. Consegue?
Claro que não. Agora, experimente ser mais rápido e surpreender o seu próprio corpo com cócegas. Consegue agora?
Claro que não (outra vez...).
Sem que você perceba, o cérebro consegue prever o que vai acontecer e antecipar as sensações que você vai ter, retirando a importância delas.

Velho hábito, novo hábito

Voltando ainda à experiência dos *marshmallows*, como ganhar esta guerra entre o "agora" e o "mais tarde" que tantas vezes existe dentro de nós? Uma boa estratégia pode ser criar rotinas que, de tantas vezes repetidas, se transformam em hábitos. Por exemplo: fazer todos os dias alguns exercícios para aprender malabarismo ou fazer esboços diários, se o seu objetivo é melhorar o desenho.
Os hábitos são poderosos e funcionam como pequenos treinos, que permitem, aos poucos, transformar o difícil em fácil... E atingir objetivos de longo prazo.

Mas nem todos os hábitos são bons. Há hábitos que nos impedem de evoluir, porque nos fazem voltar sempre aos mesmos lugares e são como armadilhas para a nossa criatividade e a nossa ação.
Por exemplo, todos os dias você chega em casa e a primeira coisa que faz é comer um pacote de bolachas sentado no sofá. A vontade de fazer isso é tão forte que você só repara quando o pacote já está chegando ao fim... Muitas vezes você até pensa que devia primeiro levar o cachorro para dar uma volta, mas assim que vê o sofá... vem o hábito do costume.

Ideia: se você quer mudar esse hábito, pode trocar a bolacha por outra coisa que te dê prazer e que te traga outro tipo de recompensa: telefonar para algum amigo? Dar um passeio pelo parque com o seu cachorro? (Você até pode juntar as duas coisas!)

O que faz você se mexer: um hábito ou um objetivo?

Os pesquisadores não colocam na mesma caixa todas as nossas ações. Há ações automáticas (que fazemos sem pensar) e que muitas vezes são hábitos, como limpar os pés no tapete da porta da entrada. E há ações que implicam que estejamos mais concentrados, como quando você precisa se orientar numa cidade que está visitando pela primeira vez.

DESAFIO

Dilemas que são como batalhas interiores

- Objetivo: conhecer novas ruas da cidade.
- Hábito: ir sempre pelo mesmo caminho.

E agora? Quem vence a batalha? O objetivo ou o hábito?

- Objetivo: comer melhor.
- Hábito: não perder tempo e comer qualquer coisa.

E agora? Quem ganhará?

Pense em batalhas interiores que se apliquem a você.

PROCRASTINAR: VOCÊ SABE O QUE É?

A palavra vem do latim e significa "deixar para amanhã". O problema é que parece que não somos um, mas muitos querendo mandar. E a procrastinação é a prova de que dentro de nós vivem várias pessoas. Uma quer cumprir um objetivo de longo prazo: "quero acabar este trabalho!"; mas outra quer ficar mais um pouco no sofá: "só quero ser um gato!". Depois de muita discussão interior, quem ganhará a guerra?

PROCRASTINADORES FAMOSOS

O escritor francês Victor Hugo pedia a um empregado seu que escondesse as suas roupas de passeio, para que não pudesse sair de casa e assim se obrigasse a escrever o romance *O Corcunda de Notre-Dame*.

Herman Melville, autor de *Moby Dick*, arranjou outra estratégia: pedia à mulher que o amarrasse à mesa de trabalho, para não adiar mais a escrita do final do livro.

EMOÇÕES

O que sinto sobre aquilo que sinto?
(Vou pensar...)

Emoções (não há tema mais emocionante)

Descartes (1596-1650), um dos maiores filósofos de toda a História, dizia que nos distinguimos dos animais por sermos capazes de pensar. Mas dizia também que nos aproximamos dos animais pelas emoções que sentimos (Descartes as chamava de "paixões"). Ou seja, Descartes colocava as emoções de um lado e os pensamentos do outro e não duvidava que as emoções interferem em nossos pensamentos e quase sempre nos impedem de pensar bem. Além disso, não parecia ter os animais em grande conta... Será que ele tinha razão?

Hoje, e ao invés do que se pensava até o século XX, sabemos que as emoções não são "tolas". Pelo contrário, funcionam como guias nesta aventura que é cada um dos nossos dias. O medo, o prazer e a repulsa podem nos dar pistas importantes sobre a decisão a tomar, de modo a termos mais hipóteses, não apenas para sobreviver, mas para viver bem, o mais felizes que conseguirmos. Quanto aos animais de que falava Descartes... Pode ainda nos parecer estranho, mas a ciência já provou que até os animais têm pensamentos e emoções, muitos dos quais compartilham conosco, humanos.

Por aqui
ou por ali?
As emoções são
como uma bússola
que nos ajuda
a escolher a
direção a tomar.

O que é uma emoção?

O que acontece à nossa volta provoca reações dentro de nós. As emoções são manifestações disso mesmo. Além do mais, geram pensamentos que nos ajudam a compreender o mundo e a nós próprios, e que também nos dizem "avance" ou "recue", em relação ao que vamos encontrando pelo caminho. Em geral, se o que encontramos por aí nos faz sentir prazer ou alegria, avançamos; se, pelo contrário, nos faz sentir dor ou aversão, recuamos.

Todos sabemos o que são emoções, afinal nós as sentimos

Todos nós já sentimos espanto, alegria ou vergonha. Quando dizemos "sentir" é mesmo sentir. Porque as emoções não são coisas abstratas, mas algo muito concreto que se pode ver no rosto e no corpo dos outros, e que sentimos no nosso. Por exemplo: o medo e a fúria aceleram o coração e a respiração, podem mudar a cor do nosso rosto ("fiquei branco de medo"; "fiquei vermelho de raiva"), fazer transpirar as mãos ou alterar a nossa expressão facial drasticamente.

DESAFIO

Pense nos acontecimentos e situações que despertam emoções dentro de você.

- O que te faz ficar zangado? (ou furioso?)
- O que te provoca o riso a ponto de fazer você rir até perder o fôlego?

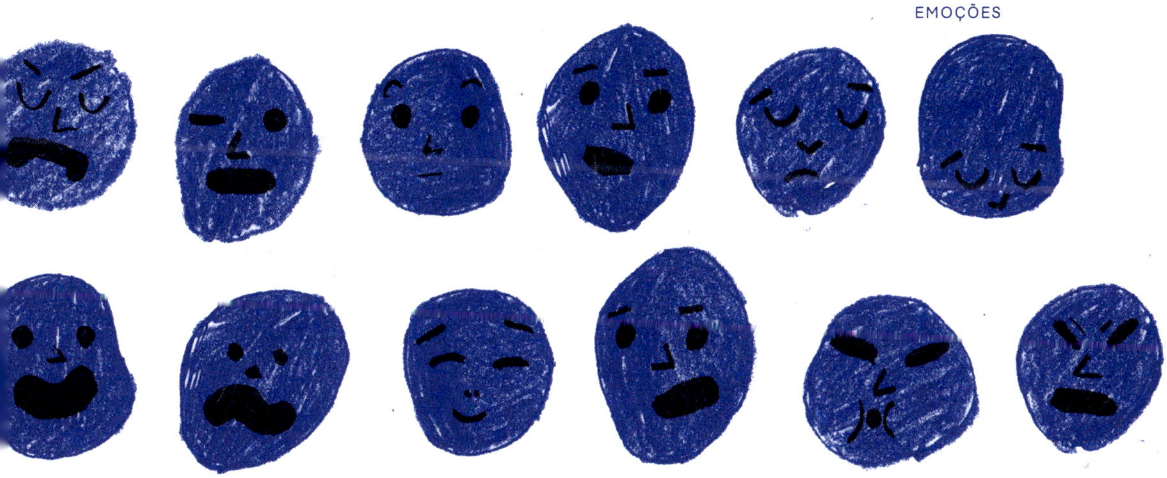

EMOÇÃO OU SENTIMENTO

Muitas vezes usamos estas duas palavras como sinônimos, mas o cientista António Damásio propõe uma distinção: as emoções são experiências físicas — podem nos fazer chorar, rir, corar, correr! Acontecem muito rapidamente, mas os outros podem ser capazes de lê-las no nosso corpo. Já os sentimentos são o modo como o nosso cérebro interpreta essas emoções e, portanto, são experiências mentais (e, por isso, podem não ser tão facilmente notadas pelas outras pessoas).

Dentro do cérebro, onde estão as emoções?

Sabe-se que determinadas regiões do cérebro estão associadas a algumas emoções. Por exemplo: a amígdala fica mais ativa quando sentimos medo; uma região chamada ínsula participa nas emoções relacionadas com repugnância (que nojo!); ou uma área conhecida por *nucleus accumbens* é ativada pela alegria. Mas, também no caso das emoções, sabe-se que o cérebro funciona como um todo, com vários sistemas interligados agindo ao mesmo tempo.

NÃO SÃO EMOÇÕES, MEU CARO. SÃO METAEMOÇÕES

Imagine que um amigo cruza com você na rua e não te cumprimenta.
Nem um aceno, nem um olhar, nem um olá...
Você pode ficar furioso e logo pensar:
"É um metido a besta. Fingiu que não me viu!".
Mas depois você pode ficar envergonhado por ter sentido aquela fúria...
E você pode até mesmo ficar preocupado e pensar:
"Ele não está bem. Deve ter acontecido alguma coisa grave...".
Com isso se pode ver como muitas vezes não é o que acontece que nos faz sentir bem ou mal, mas o que pensamos sobre o assunto. No fundo, somos capazes de transformar uma emoção num sentimento construtivo, que nos faça bem, que nos ajude a crescer ou a aprender mais. Portanto, tão relevantes quanto as emoções que sentimos são as metaemoções, isto é, as emoções que sentimos sobre as nossas próprias emoções.

DESAFIO

O que pensamos sobre aquilo que nos acontece afeta as nossas emoções.
Quando todos quiseram andar de *skate* de olhos vendados, eu disse "não, obrigado".
Como é que vou me sentir: orgulhoso ou envergonhado?

Para que servem tantas emoções?

As emoções nos ajudam a tomar decisões

Imagine que você está voltando sozinho da escola, é inverno, já anoiteceu. Você não costuma sair tão tarde, hoje foi uma exceção, e ainda por cima está com pressa. Tem de decidir se vai pelo caminho de todos os dias, mais curto, mas também mais deserto, ou se hoje escolhe um caminho mais longo, só que mais bem iluminado e onde passam mais pessoas. Não sabe o que decidir? Pois é, isso acontece muitas vezes... No momento de tomar uma decisão, nem sempre temos todos os dados que nos permitam "adivinhar o futuro".
É por isso que recorremos às emoções para fazer escolhas – há quem chame isso de "seguir a intuição". Neste caso, por exemplo, o medo seria uma emoção decisiva, concorda?

Vamos lá classificar isto que está acontecendo comigo...

Das decisões que tomamos, sempre nos sobram as consequências (há quem chame de lições): Isto foi bom ou ruim? O que ganhei? O que perdi? O que aprendi? Mesmo sem ser de forma consciente, o cérebro faz essa classificação por nós, armazenando cada experiência e nossa reflexão sobre ela, para que essa informação seja útil em nossa vida futura.

Em resumo: aprendemos, sobretudo com as emoções que sentimos, a consequência de uma experiência. No caso da rua mal-iluminada e deserta, o medo teve certamente uma palavra a dizer. Mas a decisão que tomamos (qual você tomaria?) pode ainda estar apoiada em outros elementos: experiências passadas (você já tomou algum susto numa rua deserta e mal-iluminada?), advertências que nos fizeram etc.

O CASO "PHINEAS GAGE" E OS PACIENTES DO PROFESSOR DAMÁSIO

Phineas Gage viveu durante o século XIX. Era operário e sofreu um acidente: teve o cérebro perfurado por uma barra de metal. Surpreendendo todos os médicos, Phineas se salvou, mas deixou de ser a pessoa pacífica e ponderada que todos conheciam; tornou-se agressivo e incapaz de pensar nas consequências dos seus atos. Cerca de 150 anos depois, a equipe do neurocientista António Damásio estudou pacientes com lesões na mesma área do cérebro que tinha sido afetada no acidente de Phineas. Esses pacientes eram capazes de pensar racionalmente, sabiam o que deviam fazer para conviverem bem em sociedade, mas depois, na prática, não eram capazes de compreender os sentimentos dos outros ou de aprender com os erros que cometiam. Os neurocientistas concluíram que essas pessoas tinham perdido a tal bússola emocional que poderia ajudá-las a tomar decisões.

E agora, senhoras e senhores, as emoções, uma por uma... Que venham elas!

Eu só quero ser feliz (e você, o que quer?)

"Alegria" e "felicidade" são palavras que ouvimos por toda parte. Na televisão, nas revistas, nos livros, por todo lado são dadas receitas para sermos mais felizes. Mas por quê? Será a felicidade assim tão importante? A resposta é SIM!, assim, com maiúsculas. A felicidade é o motor que nos mantém vivos, motivados, confiantes, enérgicos e saudáveis. Só vantagens. É por isso que o nosso cérebro vem equipado com um sistema que persegue a alegria e o bem-estar. Por quê? Porque, normalmente, essas emoções nos fazem tomar decisões acertadas e contribuem para sermos mais saudáveis.

O QUE TORNA UMA PESSOA MAIS FELIZ DO QUE OUTRA?

Fatores genéticos: os pesquisadores pensam que a informação que vem contida nos nossos genes e que herdamos da nossa família conta bastante.

Acontecimentos do passado: se vivemos mais experiências negativas ou positivas.

A nossa resiliência: isto é, o modo como resistimos à adversidade e como, mesmo havendo problemas à nossa volta, não desistimos de tentar ser felizes.

DESAFIO

Para a maioria das pessoas, ser feliz é ter um papel na sociedade, é ser respeitado e amado. Mas pode haver diferenças de opinião, ou será que não? Você, o que é que te deixa mesmo feliz? E sabe o que deixa as pessoas à sua volta felizes?

O que acontece dentro do cérebro que nos faz sentir bem?

As emoções positivas, como a alegria, ativam uma área do cérebro chamada *nucleus accumbens*, considerada um dos principais centros de prazer do cérebro, sem os quais não teríamos motivação para viver, estudar ou trabalhar (que bom existirem vários centros dedicados ao prazer!).

Para o bom funcionamento desses centros entram em ação dois neurotransmissores muito bem-dispostos, chamados dopamina e endorfina: a dopamina ativa o nosso sistema de recompensa, ou seja, nos faz procurar as coisas que nos dão prazer e, em princípio, nos fazem bem. É tão poderosa que pode nos deixar viciados (ver quadro na próxima página); a endorfina é um analgésico natural do corpo, ou seja, elimina a dor e também faz aumentar a dopamina no nosso cérebro.

RATINHOS VICIADOS EM PRAZER

Nos anos 1950, foram feitas experiências com ratos que permitiram descobrir os centros de prazer do cérebro. Sempre que os ratos puxavam uma alavanca, certas zonas do seu cérebro eram estimuladas eletricamente, provocando-lhes uma sensação de grande bem-estar. Conclusão: os ratinhos passaram a gostar tanto de puxar alavancas que não paravam de fazer isso, nem sequer para comer ou dormir. Ao concluir que os ratos estavam viciados em prazer, os cientistas aproveitaram a descoberta para conhecer melhor o que leva algumas pessoas a consumir tabaco, drogas ou álcool — substâncias que numa primeira fase também causam prazer, mas que podem dar origem a graves problemas de saúde.

Um sistema que persegue a felicidade

O nosso cérebro sabe nos motivar de modo a nos manter vivos e felizes e para isso criou um sistema que nos recompensa através do bem-estar. Um exemplo: eu quero viver aquele momento!

(1) Vemos (e ouvimos) o nosso grupo de amigos rir à beça!
(2) O córtex recebe esses estímulos... e sabe logo que aquele momento vai nos dar alegria (graças à memória de experiências passadas)!
(3) O córtex libera dopamina, o químico ligado ao prazer.
(4) Está ligado o motor da motivação: corremos ao encontro dos nossos amigos!

NOTA: Esse sistema também funciona para coisas menos imediatas do que dar uma gargalhada. É ele que nos permite persistir numa tarefa ou correr atrás de um objetivo que nos custa alcançar.

Grandes liberadores de endorfinas
(está provado!): comer chocolate,
ouvir boa música, cantar, rir, dançar,
receber uma massagem, abraçar ou meditar.

Todo mundo adora uma boa piada, mas por que rimos?

O riso não é uma área muito estudada pelas neurociências, talvez porque as pessoas não vão ao médico por terem muita vontade de rir! O que se sabe é que, dentro do cérebro, o humor ativa várias áreas simultaneamente — aliás, quanto mais graça achamos em qualquer coisa, mais áreas entram em atividade — e também é ativado o sistema de recompensa do cérebro, conforme já falamos. Rir à beça com os amigos é um dos maiores prazeres que podemos ter!

Os cientistas conseguiram perceber que há uma pequena área situada no lobo pré-frontal (de 2 x 2 cm) responsável por nos fazer dar gargalhadas: descobriram-na por acaso, enquanto operavam uma moça que sofria de epilepsia. Sempre que estimulavam essa área, a paciente gargalhava, como se lhe tivessem contado a melhor piada do mundo.

Infelizmente, as pessoas que têm lesões nessa área (em especial no lado direito) não conseguem achar graça nem na melhor piada do mundo! (Também há pessoas perfeitamente saudáveis que têm alguma dificuldade...)

DESAFIO

Rir faz bem ao coração e ao sistema imunológico.
Por isso, espalhe um pouco de humor (e saúde) à sua volta:
aprenda uma boa piada e conte-a aos amigos.
Uma piada sobre o cérebro:
"Por que os neurônios foram mandados à sala do diretor?
Porque estavam com dificuldade em controlar os seus impulsos!"

Você vai ficar com medo, muito medo!

No lado oposto da alegria e do prazer está uma outra emoção fortíssima: o medo. Quando você percebe alguma coisa perigosa, o seu corpo responde imediatamente. Você pode ficar com os cabelos em pé (como um ouriço) e o coração pode acelerar imediatamente, bombeando mais sangue para as pernas, para o caso de ter de correr.

DESAFIO

Quais são as ameaças que você sente à sua volta?
Pense em coisas que te "matam" de medo
(não no sentido literal, mas no sentido figurado...).

"Vivemos numa verdadeira selva!", dizem alguns.
Que perigos se escondem ao virar a esquina?

Por que temos medo?

O medo é uma emoção que existe para nos proteger. Através da amígdala — que está ligada aos sentidos, aos músculos e aos hormônios —, o nosso cérebro nos prepara para reagirmos imediatamente: por exemplo, paralisando-nos (tipo estátua!), fugindo ou atacando.
Esse sistema de sobrevivência sofisticado tem por base a liberação de várias substâncias que nos dão força suplementar (dois exemplos: a adrenalina e o cortisol), e foi ele que nos permitiu, ao longo da História, escapar de ursos esfomeados, cobras ou pessoas perigosas.

No fundo, o medo serve para nos manter vivos. Se fôssemos totalmente relaxados, morreríamos em três tempos... Por exemplo: é bom ter medo de ser atropelado, não acha? Uma pequena dose de medo e ansiedade é útil e pode impedir não só de nos ferir como de perder o avião ou de entregar um trabalho fora do prazo.

E quando o medo não tem razão de ser?

Claro que ter medo demais não é bom. E ter medo das coisas erradas também não. Por vezes há situações que não representam um perigo real, mas que mesmo assim nos amedrontam. Por exemplo, fazer uma prova na escola ou falar em público. A emoção que sentimos pode ser tão forte que nos complica a vida: as perguntas da prova parecem mil vezes mais difíceis, e a plateia que nos espera torna-se um "monstro de mil olhos" que vai nos avaliar.

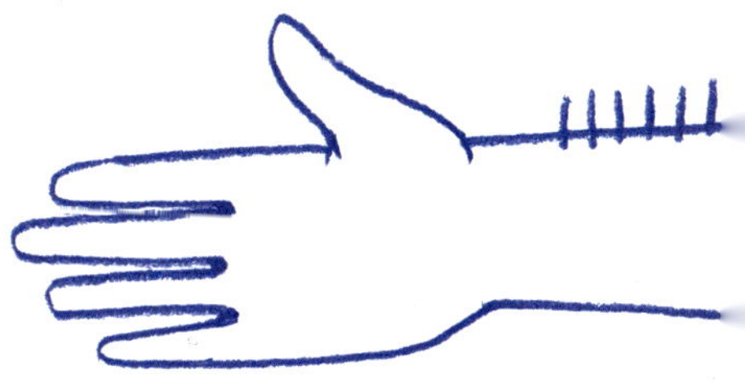

Nesses casos, quando o medo só nos atrapalha, podemos pedir ajuda ao córtex pré-frontal, nosso guia, para manter a calma. É que em situações de medo não é apenas a amígdala que entra em ação: o córtex pré-frontal também está lá, vigiando a situação ("de olho", como se costuma dizer), e através dele podemos ser capazes de acalmar a nossa reação.

Se você tem uma amígdala muito ativa (mãos que suam, coração que bate descontroladamente por tudo e por nada) e se você se sente muito ansioso, aqui vai uma dica: faça exercício físico (pelo menos 30 minutos por dia). Se quiser mais ideias, consulte o capítulo "Boa forma".

DESAFIO

Ocupe mais espaço: você merece

Quando estamos contraídos, os músculos se encolhem e ocupam menos espaço.

Feche os olhos e pense: eu mereço mais espaço!

Depois inspire, expire; inspire, expire.

Sempre que expirar, torne maior todo o seu corpo.

O objetivo, no final deste exercício, é que você tenha crescido aí uns cinco centímetros. Topa?

FOBIAS PARA TODOS OS GOSTOS

Uma fobia é um medo intenso e irracional em relação a alguma coisa. Há fobias muito comuns, como a aracnofobia (medo de aranhas) ou claustrofobia (medo de espaços fechados), mas há outras das quais você talvez nunca tenha ouvido falar:

<u>Tonitrofobia</u>: medo de trovões | <u>Cremonofobia</u>: medo de precipícios | <u>Coulrofobia</u>: medo de palhaços | <u>Onfalofobia</u>: medo de umbigos | <u>Genofobia</u>: medo de joelhos | <u>Efebofobia</u>: medo de pessoas jovens | <u>Eisoptrofobia</u>: medo de espelhos

O medo e a fúria estarão conectados?

Julga-se que sim. Ambas as emoções estão relacionadas com o perigo que sentimos, que tanto pode ser de aranhas peludas como de situações que ameaçam os nossos objetivos ou os valores que defendemos. Por exemplo, você pode se sentir zangado porque um colega ficou com o tema que queria usar no projeto de história, ou pode se sentir enfurecido porque um amigo trapaceou no jogo de tabuleiro. É claro que o mundo não vai acabar se você tiver de escolher outro tema para o trabalho de história (você até vai aprender algo novo) ou se você perder o jogo, mas ambas as situações ameaçam o seu bem-estar e a sua paz... e por isso se ligam ao medo.

Tal como acontece quando temos medo, ficar zangado também ativa a amígdala que, por sua vez, acorda o hipotálamo, uma área que também regula as emoções.

Estou com vontade de chorar, ok?

Pelo que se sabe, só os seres humanos choram por razões emocionais (e talvez os elefantes e os gorilas). Mas nem sempre choramos porque estamos tristes. Choramos também quando nos sentimos muito felizes, ou até comovidos por termos visto alguma coisa muito bela (acontece!). Claro que as lágrimas que choramos nestas ocasiões são distintas das que surgem quando cortamos uma cebola ou entra poeira nos olhos: chamam-se lágrimas emocionais e, segundo os especialistas, são uma pequena explosão que ocorre dentro de nós quando as emoções são muito fortes. Quando isso acontece, as lágrimas nos ajudam a não perder o controle, tentando estabilizar a emoção.

Conheça o poder das lágrimas

Segundo alguns estudos, as lágrimas são úteis porque liberam o corpo dos hormônios do estresse e, desconfia-se, podem conter substâncias analgésicas e endorfinas (os hormônios do bem-estar e do prazer, lembra?). Talvez seja por isso que, às vezes, depois de chorar nos sentimos um pouco melhor.

Chorar pode ser também um pedido de ajuda que fazemos a quem nos rodeia, ou até uma forma de confortar a nós próprios. Se você reparar, mal nascemos e já choramos. E esse choro está ligado ao nosso mecanismo de defesa e alerta. No entanto, à medida que crescemos, deixamos de chorar alto, em qualquer lugar e na frente de qualquer pessoa. Aprendemos a nos controlar e as lágrimas tornam-se mais íntimas: a não ser que a situação seja mesmo muito ruim, conseguimos adiá-las para a ocasião certa.

É O CÉREBRO QUE LIGA E DESLIGA O CHORO?

No cérebro, uma das áreas mais ativas nas emoções, e capaz de nos "fazer chorar", é o sistema límbico (que faz parte do sistema nervoso autônomo, aquele que controla tudo o que não controlamos conscientemente), e que inclui regiões como a amígdala ou o hipocampo. É nesse sistema que circula um neurotransmissor chamado acetilcolina, que pode controlar a nossa produção de lágrimas.

"Preciso de amor e carinho!" (nós também!)

A primeira história de amor da sua vida começou assim que você nasceu. Quando você e a sua mãe — ou outra pessoa que tenha cuidado de você nesse início — se olharam pela primeira vez, os cérebros de vocês se sintonizaram imediatamente e, durante os primeiros tempos de vida, foi como se ambos fossem uma só pessoa. Mesmo que às vezes tenha sido difícil (cuidar de um bebê nem sempre é fácil!), você e essa pessoa criaram um laço tão forte que ficou marcado para sempre dentro de você. Esse laço foi fundamental para tudo o que aconteceu depois: foi essa primeira relação de amor que te deu confiança para descobrir o mundo, motivação para fazer coisas cada vez mais complexas e autoestima. Esse sentimento de pertencimento e segurança dado pela sua mãe, e também, é claro, pelo seu pai e outras pessoas próximas, vai ficar dentro de você por toda a vida! E, à medida que você cresce, vai continuar a procurá-lo: nos amigos que fizer, nas pessoas por quem se apaixonar, nos seus filhos. Há muitos tipos de amor, mas é esse o primeiro amor que vai moldar seu cérebro e construir os circuitos para os amores que farão parte da sua história.

Por que o amor dos outros nos faz bem?

Quando sentimos que gostam de nós, nos sentimos mais seguros. E então — voltando de novo à nossa herança da Pré-história —, como sabemos que não vamos ser "atacados", não precisamos nos preparar para nos defender.

Assim, sem ansiedade e medo circulando em grandes quantidades, o cérebro fica mais relaxado e mais apto a confiar, aprender, arriscar, organizar ideias ou ligar-se a outros cérebros.

Um dos neurotransmissores mais importantes para criarmos laços emocionais fortes com outras pessoas é a oxitocina. Não é por acaso que as mães a liberam no momento do parto ou quando amamentam, e que os apaixonados têm mais oxitocina circulando no sangue do que as outras pessoas.

A DOR DE SER REJEITADO ATIVA AS MESMAS REGIÕES DO CÉREBRO QUE A DOR FÍSICA

Dito de outra maneira: quando nos sentimos rejeitados ativam-se as mesmas zonas do cérebro que quando nos ferimos fisicamente. Por que a dor do desprezo dos outros é igual a uma forte dor de cabeça (e pode ser bem pior...)? Porque é a forma que temos de nos relembrar da importância vital que os outros têm para nós e para a nossa sobrevivência.

Ops! Acho que estou apaixonado...

Sabia que quando você está apaixonado a sua capacidade de aprender aumenta imediatamente? O amor romântico ("fique comigo todos os segundos!") nos enche de hormônios e neurotransmissores que acordam o cérebro e o corpo todo! Quando vivemos um novo amor é como se o mundo se expandisse: queremos tanto conhecer o mundo da pessoa por quem estamos apaixonados (os seus gostos, seus amigos, os lugares por onde anda, suas opiniões), que o amor funciona como motor para muitas aprendizagens.

E agora você vai ficar surpreso... (vamos falar de surpresas!)

Fazer todos os dias a mesma coisa. Andar sempre pelo mesmo caminho. Escolher sempre o mesmo lanche... (Que chato!, você já deve estar pensando...). Certas rotinas são boas porque nos dão conforto e segurança, mas a vida sempre igual pode se tornar muito aborrecida. Há pessoas que não gostam muito de surpresas e preferem controlar todos os detalhes, para saber exatamente o que vai acontecer com elas (é o seu caso?). Mas a surpresa, na quantidade certa, é uma emoção importante que torna a vida mais rica e excitante.

O que acontece dentro do cérebro sempre que dizemos: AH!

Quando é surpreendido, o nosso cérebro faz sempre esta sequência:

(1) Primeiro diz: hei, espere aí! (momento de pausa).

(2) Depois se concentra para prestar toda a atenção (momento de curiosidade).

(3) A seguir exclama: Ah! (momento em que procura a informação nos arquivos e conclui que nunca viu nada assim). É aqui que libera dopamina, o neurotransmissor da curiosidade, da motivação e do entusiasmo!

(4) E finalmente diz: mude. O cérebro muda sempre que vive uma surpresa, pois cria caminhos novos que nos conduzem a novas ideias. É como se, a partir desse momento, ganhássemos um par de óculos novos para ver o mundo segundo uma nova perspectiva.

(5) Também pode se seguir um momento em que compartilhamos a surpresa com outras pessoas: "Pessoal, vocês nem imaginam o que eu vi!".

<u>Nota:</u> Viajar através do computador antes de chegar a um lugar é uma boa maneira de estragar as surpresas que uma viagem pode trazer. Liberte-se!

DICA PARA OS PROFESSORES QUE NOS LEEM

Está provado que prestamos mais atenção às coisas novas do que às que já conhecemos, pois o hipocampo (a área responsável pelas memórias de longa duração) é ativado pela novidade. Daí que os professores talvez possam começar as aulas com uma história surpreendente que nos faça dizer "Ah!", em vez de começarem com uma revisão da matéria dada. Diretamente do mundo da neurociência, fica a dica...

Blarg! Que nojo!

A repulsa está ligada à nossa sobrevivência como espécie. É fácil perceber a razão: na Pré-história, quando ainda não distinguíamos bem o que era venenoso do que era comestível, a repulsa nos deu um certo jeito para isso (nos manteve vivos até aqui).

As regiões do cérebro onde se produzem as sensações de náusea e nojo são a ínsula e o gânglio basal, as mesmas que nos fazem torcer o nariz e fazer caretas feias quando sentimos alguma coisa que não nos agrada, seja um cheiro, um sabor, uma imagem ou algumas pessoas e situações. Isso acontece porque, ao longo da nossa evolução, para além de comida venenosa ou estragada, aprendemos a sentir repulsa por situações que consideramos não só perigosas como injustas, violentas ou indecentes... O nosso corpo reage com indignação, sentindo vontade de se afastar. Há também quem diga que quando sentimos culpa (por exemplo, quando não agimos bem com alguém), sentimos, na verdade, uma espécie de repulsa por nós mesmos. O melhor, nesse caso, é pedir desculpa rapidamente e aprender com o erro...

VOCÊ SABE QUE TEM UM SEGUNDO CÉREBRO?

Sério? Mas onde?

Você vai ficar espantado: nos intestinos!

A rede de neurônios que cobre os nossos intestinos é tão grande — 100 milhões de neurônios! —, que os cientistas não hesitaram em chamar-lhe o nosso segundo cérebro. E se é verdade que este cérebro não cria nem decide, julga-se que possa ter uma grande influência na regulação das nossas emoções e no desenvolvimento de algumas doenças.

DESAFIO

Emocione-se!

Concentre-se em algumas destas palavras/emoções e tente se lembrar de momentos em que as sentiu.

ALEGRIA
DECEPÇÃO
DESEJO
ENTUSIASMO
DESCONFIANÇA
GOZO
VONTADE
AMOR
ORGULHO
TRISTEZA
SOLIDÃO
VERGONHA
CONFIANÇA
ESPERANÇA
CIÚME
MEDO
CORAGEM
DESDÉM
FÚRIA
REPÚDIO
SUSPEITA
CURIOSIDADE
ADMIRAÇÃO

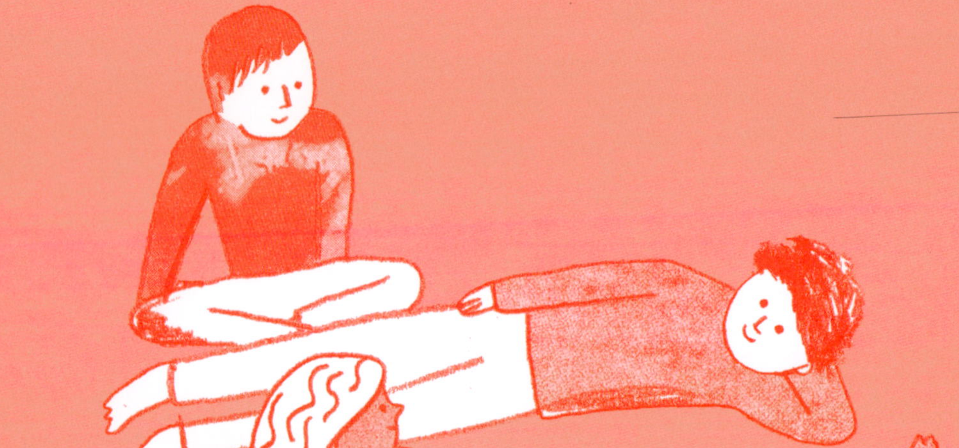

EU E OS OUTROS

Não existimos dentro de uma caixa fechada.
Para nos construirmos, precisamos criar
conexões com outras pessoas,
outros cérebros.

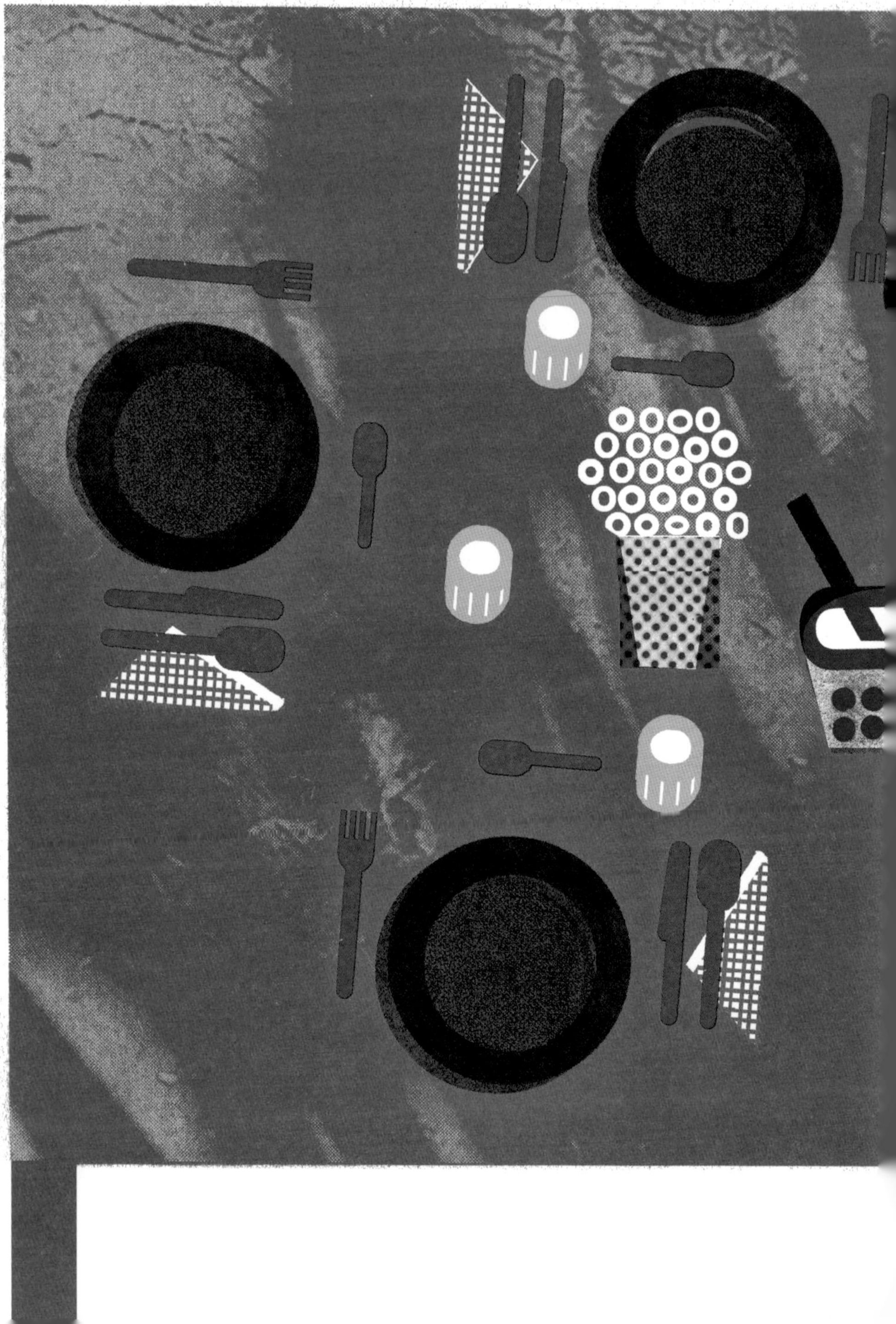

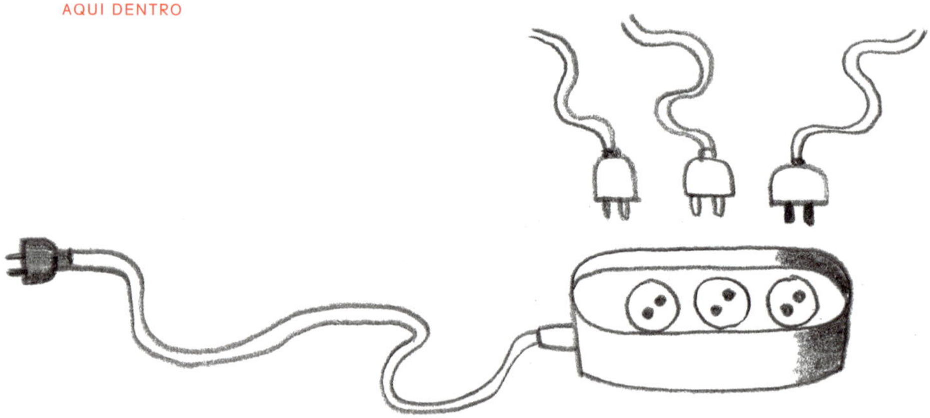

O meu cérebro se conecta a outros cérebros

Já pensou nisso? Você é como é sobretudo por causa das pessoas da sua vida. Você é como é porque os seus pais se conectaram a você desde que nasceu, porque brincou muitas horas com os seus primos ou porque teve um amigo que te ajudou a perder a timidez — como é óbvio, cada pessoa tem a sua história e as pessoas da sua vida, e aquilo que falamos aqui são apenas exemplos. Mas uma coisa é certa: é possível dizer que as conversas que temos com um amigo, as piadas que trocamos, as discussões com os nossos irmãos, os abraços que os pais nos dão... Todo esse material altera o nosso cérebro e molda-o, fazendo de nós aquilo que somos.

Claro que uma parte daquilo que você é pode já ter vindo com você (algumas características vêm nos genes; a timidez é uma delas), mas foi na interação com os outros que certas tendências se fixaram ou desvaneceram. Já falamos sobre isso em capítulos anteriores: o cérebro precisa de outros cérebros para se construir e são as ligações emocionais — de nós com os outros — que definem a personalidade e traçam caminhos que nos ajudam a viver bem em sociedade.

O cérebro é social

Os cientistas descobriram recentemente que, quando não estamos fazendo nada de especial e a nossa cabeça começa a divagar, ligamos imediatamente o nosso "cérebro social". Isso significa que, por defeito, é o cérebro social que funciona, como se fosse essa a nossa base mais importante, o lugar a que voltamos sempre. Esse lugar são as outras pessoas, os seus sentimentos e intenções. Também descobriram que os momentos em que nos sentimos mais felizes são aqueles em que estamos acompanhados por outras pessoas, sobretudo quando as ajudamos, e de alguma forma nos sentimos úteis.

Aprender a ler os outros

Ao longo da vida, aprendemos a compreender o que sentimos e também a saber lidar melhor com as reações dos outros: "Mas por que é que ele me virou as costas assim?"; "Mas por que ela está rindo agora?". No entanto é comum, sobretudo quando somos jovens, não entender o que estamos sentindo e, igualmente, não sermos capazes de ler os outros.

Ao longo da vida, porém, podemos aprender a ser bons "leitores de emoções" e a fazer das emoções nossas aliadas: pensando sobre o que sentimos e o que os outros sentem, procurando explicações e até reinterpretando o que sentimos (tal como explicamos na parte sobre meta-emoções, no capítulo anterior).

O cérebro na pista dos outros

Como é que somos capazes de "adivinhar" o que os outros sentem e as suas intenções? Primeiro, lendo o que nos dizem seus gestos e comportamentos. Observando expressões corporais e faciais. Atentando às ligeiras alterações de tom de voz. Reparando em detalhes: uma sobrancelha que se ergue, um lábio que treme... Todas essas informações chegam ao cérebro e, de algum modo, sentimos aquela emoção como se fosse nossa e sabemos o que significa.

Muitas áreas do cérebro participam dessa leitura: a ínsula, o tálamo, o hipocampo, a amígdala e o córtex, claro (você pode ver onde ficam estas áreas nos mapas no final do livro)... E também um grupo de neurônios especiais chamado "neurônios-espelho" (em breve chegaremos lá!).

E por que aprendemos a ler os outros a ponto de nos tornarmos especialistas? De novo, essa capacidade remonta aos nossos longínquos antepassados. Por uma questão de sobrevivência, precisávamos distinguir imediatamente amigos de inimigos e compreender as intenções das pessoas à nossa volta. De certa forma, ainda hoje é assim. O nosso cérebro social é especialista em seguir pistas e, para isso, aprendeu não apenas a ler palavras e ações, mas sinais mais sutis. Mesmo sem se dar conta, os outros nos dão centenas de sinais sobre as suas intenções. Mesmo sem repararmos, damos centenas de sinais aos outros sobre as nossas intenções.

Quanto mais te compreendo, mais me compreendo; quanto mais me compreendo, mais te compreendo. (Só não sei por onde é que comecei a compreender mais...)

GOSTAMOS DE ROSTOS (DESDE BEBÊS)

Ainda muito antes dos livros, uma das primeiras coisas que aprendemos a ler são os rostos de outras pessoas. Não só aprendemos a distinguir uma cara entre muitas outras, como aprendemos a interpretar expressões e, através destas, as emoções. As nossas células especializadas em rostos já existem quando nascemos, mas precisam de experiência para que se tornem profissionais. Adquirimos essa capacidade até os 2 anos, num processo que decorre mais ou menos assim: a nossa mãe sorri e nós sorrimos de volta, num jogo de pergunta-resposta que aos poucos se transforma num diálogo com expressões, palavras e gestos; por volta dos 6 meses, distinguimos não apenas rostos humanas como focinhos de animais (os estudos com bebês dessa idade mostram que também somos capazes de reconhecer diferentes macacos pela cara!); aos 9 meses, a nossa capacidade de reconhecimento facial se especializa. Não em caras de macacos, mas em caras humanas! Com o tempo, nos tornamos cada vez mais peritos...

DESAFIO

Que cara é essa?

Todas as experiências que vivemos passam pelo nosso corpo, moldando as expressões e a maneira como nos posicionamos e mexemos. Isso é fácil de observar quando, ao olharmos para uma pessoa, mesmo sem falar com ela, percebemos se é tímida ou mais confiante. Ou quando olhamos para um amigo e entendemos imediatamente o seu estado de espírito.

Desafie um amigo a desenhar o seu álbum de caras e expressões mais comuns. Pergunte se ele se importa que você desenhe o álbum dele. Divirtam-se escrevendo legendas para cada imagem.

A linguagem é, sem dúvida, outra grande ajuda

Uma das grandes especialidades da espécie humana é a nossa incrível capacidade de comunicar o que sentimos e pensamos através de palavras. É claro que quase todos os outros animais se comunicam entre si, mas, que se saiba, nenhuma espécie o faz com tanta complexidade nem usa a escrita como forma de comunicação.

Quando falamos, quando ouvimos os outros falarem e também quando lemos e escrevemos, várias áreas do cérebro ficam ativas. As mais importantes são a área de Broca e a área de Wernicke: a primeira funciona como centro de processamento da linguagem, ou seja, o lugar onde planejamos as sequências de sons necessárias para falar; a segunda é a área responsável pela compreensão, o lugar onde interpretamos e organizamos um pensamento.

São essas duas áreas, em comunicação com muitas outras, que tornam possível a existência de quase 7 mil línguas faladas no mundo! Um verdadeiro tesouro de palavras e expressões à nossa disposição, para que não haja desculpas para não nos entendermos... Mesmo assim, nem sempre é fácil.

Felizmente também temos os neurônios-espelho

Se já é complicado compreender o que sentimos, perceber as intenções e as emoções dos outros pode ser um verdadeiro quebra-cabeças! Felizmente, como já vimos, podemos falar uns com os outros (às vezes ajuda). Felizmente, estamos também aparelhados com um grupo especial de neurônios chamados "neurônios-espelho", que nos permite decifrar o que os outros estão sentindo e, de certo modo, sentir o que os outros estão sentindo.

Como funcionam?

Os neurônios-espelho ficam ativos quando vemos outros agindo com uma intenção com a qual nos identificamos (correr, aflitos, para pegar o ônibus). O que os neurônios-espelho têm de incrível é que entram em funcionamento mesmo quando não estamos cara a cara, ao vivo, com as situações; por exemplo, quando sentimos o que a personagem de um filme está sentindo.

A descoberta dos neurônios-espelho

A descoberta dos neurônios-espelho aconteceu nos anos 1990. Um grupo de cientistas italianos estudava o comportamento de um macaco, tendo ligado ao seu cérebro alguns elétrodos[11] que faziam tocar uma campainha sempre que o macaco se movimentava para pegar um amendoim para comer.

O mais estranho aconteceu quando um dos cientistas decidiu também comer um amendoim, fazendo soar igualmente a campainha. O macaco nem sequer tinha se mexido, apenas observava o cientista com atenção, porém, os seus neurônios se acenderam como se ele próprio estivesse pegando o amendoim para comer!

Os cientistas ficaram intrigadíssimos, mas rapidamente perceberam que as zonas do cérebro que ficavam ativas quando o macaco comia eram ativadas também quando o macaco via alguém comer. Foi assim que começaram a procurar esses neurônios — a que chamaram neurônios-espelho — nas cabeças humanas.

É claro que esses neurônios são muito mais do que um espelho, porque não se limitam a refletir "de braços cruzados". Eles se acendem porque conhecem aquela ação e a compreendem, porque sabem o que a motiva.

11) Cabos que conduzem a corrente elétrica.

Os neurônios-espelho também nos ajudam a decidir

Os neurônios-espelho participam numa das maiores missões do cérebro: fazer previsões sobre o que vai acontecer em seguida! Ao vermos alguém em ação, esses neurônios nos fazem replicar mentalmente essa mesma ação, para que sintamos algo próximo do que os outros sentem e mais facilmente colocarmos hipóteses e decidirmos o que fazer. Um exemplo: imagine que você vai ao dentista com o seu irmão mais novo e, na sala de espera, ele começa a se comportar mal. Depois repare num detalhe: "Ele está roendo as unhas, e quando ele rói as unhas é porque está com medo... Da última vez ficou tão nervoso que fugiu do consultório. Mas ele costuma relaxar quando jogamos um jogo...".

É com base nas experiências passadas e em previsões que você toma uma decisão: "Vou chamá-lo para jogar adivinha-adivinha, que ele adora!".

Não é simpatia, não é antipatia, é... empatia

À capacidade de conseguir nos colocar no lugar dos outros chama-se empatia. Quando somos empáticos, sentimos como nossos os sentimentos e emoções das outras pessoas e, muitas vezes, agimos também como se a dor, o medo ou a alegria fossem nossas.

Quando souberam da descoberta dos neurônios-espelho, os cientistas que estudavam a empatia ficaram entusiasmadíssimos e pensaram imediatamente na hipótese de uma coisa estar relacionada com a outra... Será mesmo?

Nascemos empáticos ou nos tornamos empáticos?

Há cientistas que acreditam que a empatia nasce conosco. E até dão o exemplo dos bebês que, já na maternidade, choram quando ouvem outro bebê chorar. Mas é por volta dos 2 anos, na mesma altura em que começamos a nos reconhecer no espelho, que a empatia desperta com mais força. É como se a partir do momento em que sabemos quem somos, passássemos a descobrir que existem outros como nós (ou parecidos): "Eu existo e sinto medo, alegria, surpresa. E você, que existe também, talvez sinta o mesmo". É aí que cresce a empatia.

DESAFIO

A experiência de Balzac

Um escritor chamado Balzac sentou-se para observar os passos e o movimento numa grande avenida de Paris.

Chegou a conclusões muito interessantes, a ponto de dizer que o passo reflete com grande exatidão o nosso pensamento e a nossa vida.

Sente-se e observe pessoas numa rua movimentada.

O que você pode concluir sobre os pensamentos delas?

A partir dos 8 anos, já mais crescidos — quando nos damos conta de que um dia todos vamos morrer, que temos momentos em que nos sentimos frágeis ou sofremos —, a empatia ganha uma força maior dentro de nós. Sentimos que precisamos dos outros e que é bom contar com eles para viver esta aventura. E que podemos ser solidários e nos ajudar mutuamente quando estamos em apuros.

Não conseguir ser empático torna mais difícil interagir e criar laços com os outros. Se tivermos reações desajustadas (por exemplo, gargalhar quando alguém se magoa...), é muito provável que os outros se tornem mais fechados e, gradualmente, nos evitem. Ou, pelo menos, não se aproximem tanto como gostaríamos.

Os outros nos desafiam

Mas nem tudo é empatia nesta vida...
É comum que pessoas próximas façam coisas que não compreendemos e que temos dificuldade em aceitar. E o inverso também é verdadeiro. As pessoas nem sempre estão sintonizadas conosco e muitas vezes nos desafiam, nos provocam ou simplesmente não concordam com as nossas opiniões ou com as nossas ações. Viver em sociedade (uma sociedade entre cérebros) é um trabalho contínuo e nem sempre fácil.

Há um provérbio indígena que diz: "Não critique ninguém sem antes calçar os seus sapatos durante três noites seguidas".
Mas será que é fácil calçar verdadeiramente os sapatos de alguém?
Há quem diga que isso não é possível e que, por mais que tentemos, certas experiências que os outros vivem são impossíveis de serem sentidas na própria pele. Tente fazer isso (mentalmente), pondo-se na pele de pessoas que você não compreende bem (ou de quem não gosta muito, não sabe bem o motivo). Comece por pensar se não há coisas que tenham em comum...

DESAFIO

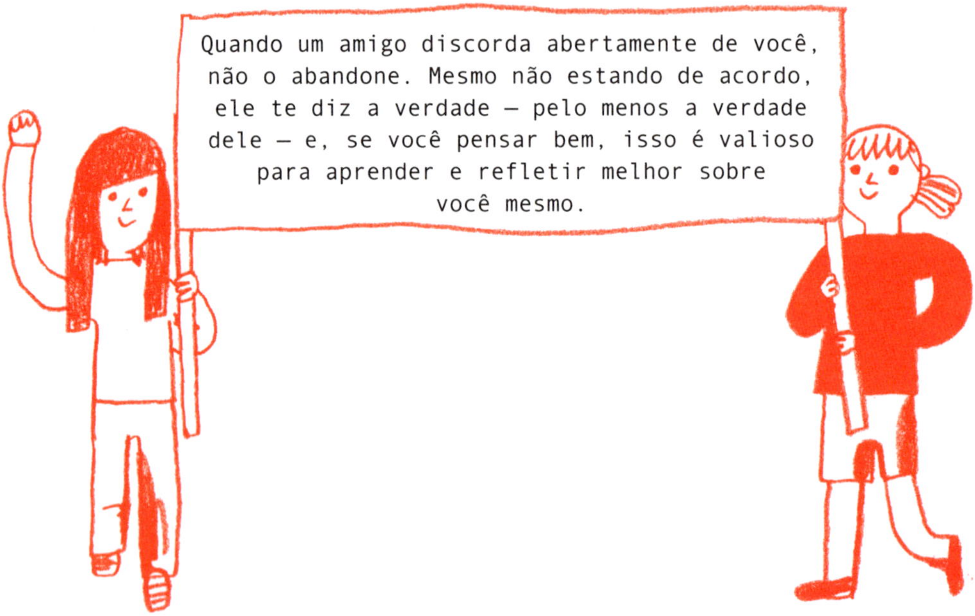

EXPERIÊNCIAS COM FANTOCHES E BEBÊS

A equipe do cientista Paul Bloom fez algumas experiências tentando perceber se os bebês (pequenininhos, de 6 a 10 meses) já conseguiriam fazer um juízo moral sobre o comportamento dos outros.

Para isso, foi encenada uma pequena peça de fantoches com três personagens: um círculo que tentava subir uma colina; um quadrado amarelo que ajudava essa personagem; e um triângulo vermelho que empurrava o círculo, impedindo-o de subir.

No final da peça, os fantoches (triângulo e quadrado) eram levados para junto dos bebês, para que se avaliasse se eles demonstrariam alguma espécie de preferência... E concluiu-se que todos os bebês escolhiam como "amigo" o quadrado amarelo, a personagem que tinha ajudado o círculo.

O que essas experiências nos dizem? Que desde pequenos, ainda não conhecendo os conceitos de "bem" e "mal", já preferimos as pessoas que têm atitudes que nos são benéficas e nos ajudam.

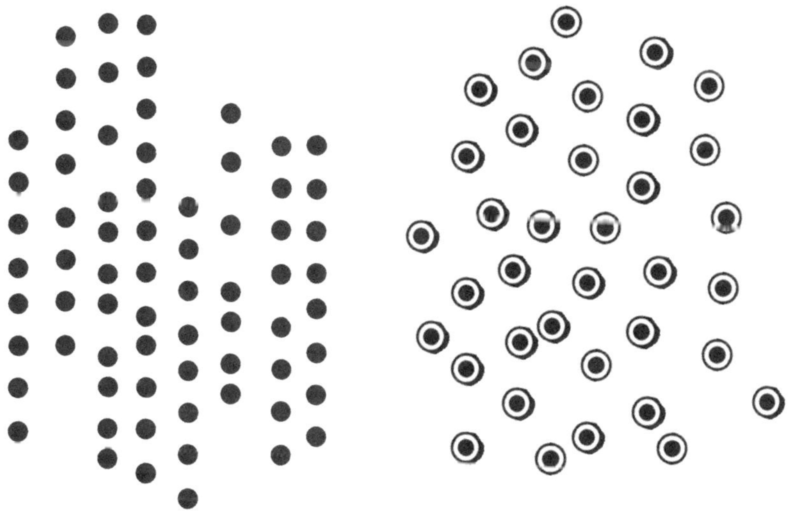

Um grupo: o lado de dentro, o lado de fora

Interagir com outras pessoas e pertencer a um grupo é uma necessidade vital do ser humano, e podemos dizer até que nela há muito de tribal. É a estrutura do nosso cérebro — o cérebro social — que nos faz querer pertencer a qualquer coisa (família, turma, clube, equipe, religião, grupo de amigos...). Por quê? Porque esse sentimento de pertencimento nos dá proteção e porque, instintivamente, sabemos que juntos conseguimos mais realizações do que sozinhos. Foi, aliás, esse sentido de cooperação que ajudou o ser humano a chegar até os dias de hoje.

Mas, para haver um grupo, há sempre o lado de fora desse grupo, ou seja, os outros (e que pertencem a outro grupo). Muitas vezes, os grupos convivem, cruzam-se, aprendem uns com os outros, complementam-se. Contudo, pode acontecer de sentirmos que a diferença que nos separa é tão grande que não há empatia nem qualquer forma de comunicação possível. Até podemos ser levados a pensar que o nosso grupo é bom e que o outro grupo é mau, gerando a ideia, muitas vezes errada, de que os outros — os do lado de fora — são estranhos que nos ameaçam perigosamente.

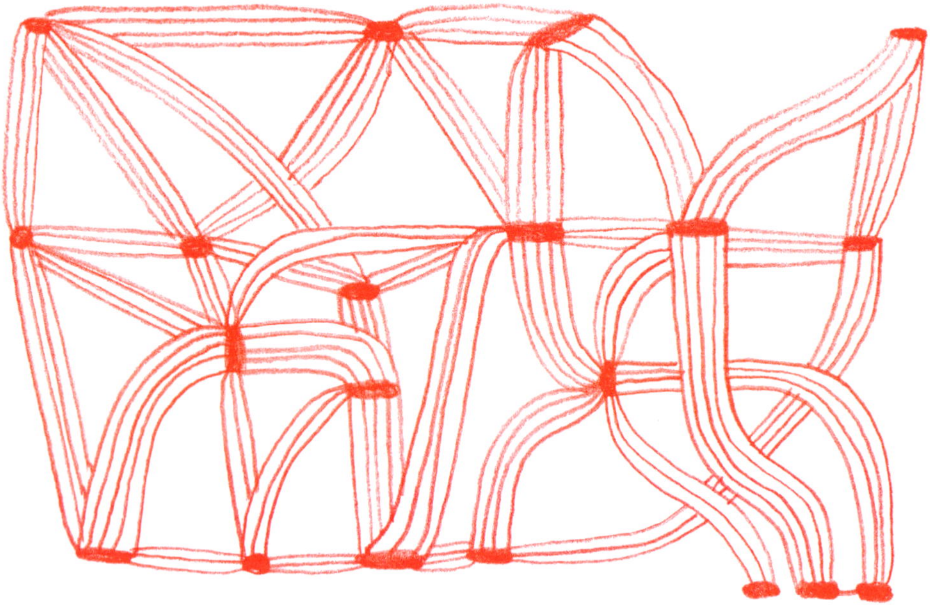

Infelizmente são muitos os episódios na história da humanidade em que um grupo se considerou muito superior a outro grupo e o humilhou, maltratou e/ou matou. Aconteceu isso em vários conflitos que levaram a genocídios (Segunda Guerra Mundial, Guerra dos Balcãs, Ruanda) ou nos séculos em que durou a escravatura. Muitas vezes, esses episódios foram acompanhados de estratégias de manipulação para impedir qualquer empatia; por exemplo: contavam-se histórias sobre o grupo "inimigo" que o faziam parecer tão horrível aos olhos do outro, que se tornava natural humilhá-lo ou desejar o seu desaparecimento.

Conclusão: somos uma rede gigante de neurônios

Os seus neurônios se comunicam com os neurônios de outras pessoas (amigos, familiares, colegas...), que, por sua vez, se comunicam com outros neurônios de outras pessoas (outros amigos, outros familiares, outros colegas...), que, por sua vez, têm outras ligações e fazem outras comunicações. Pensando direito, é como se todos os neurônios do planeta formassem uma rede espetacular de neurônios interligados. Use-a para o bem!

Onde você acaba? Onde começam os outros?

Faça um mapa com a rede de cérebros a que você está ligado.

E agora responda: consegue dizer onde acaba?

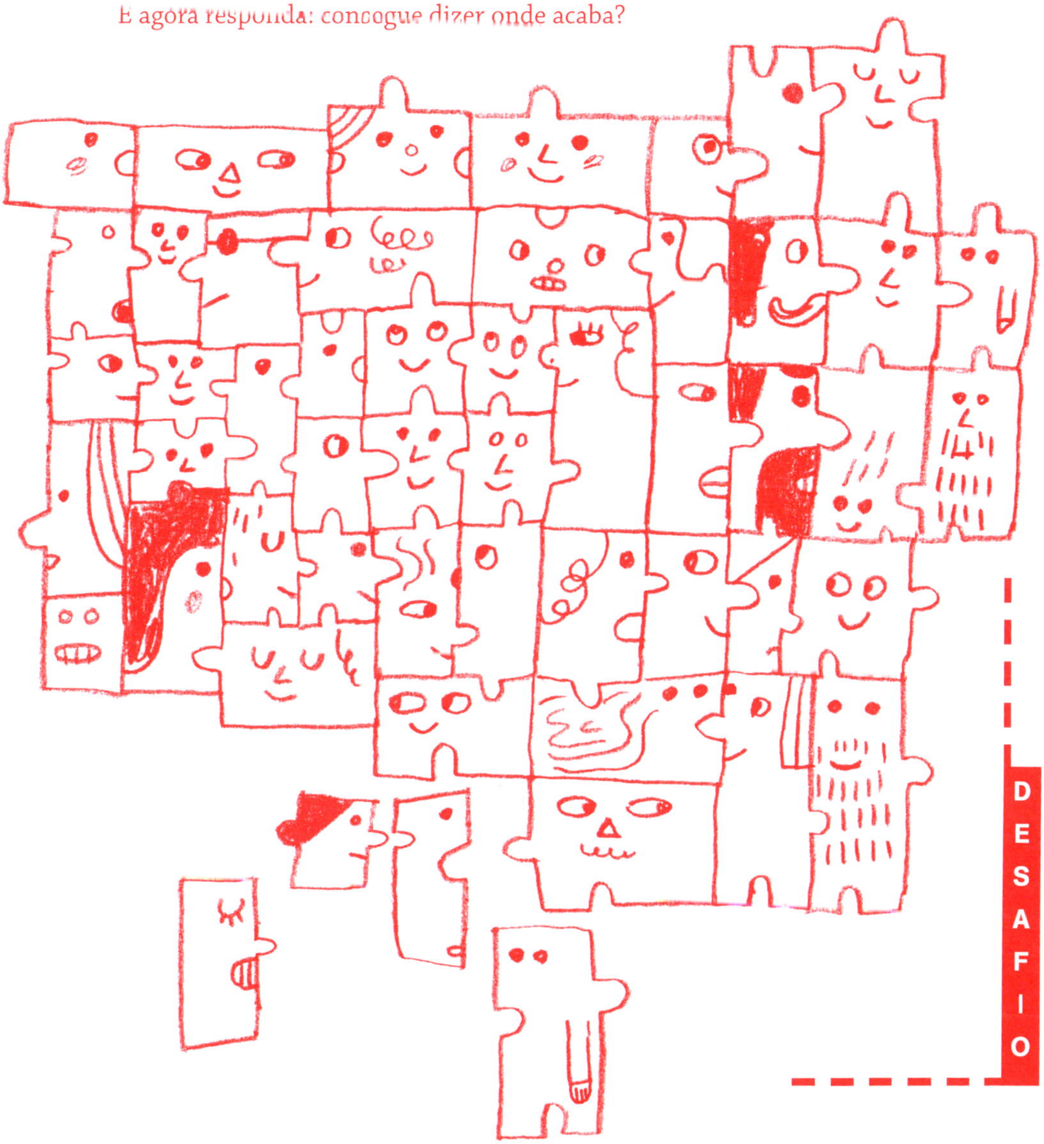

DESAFIO

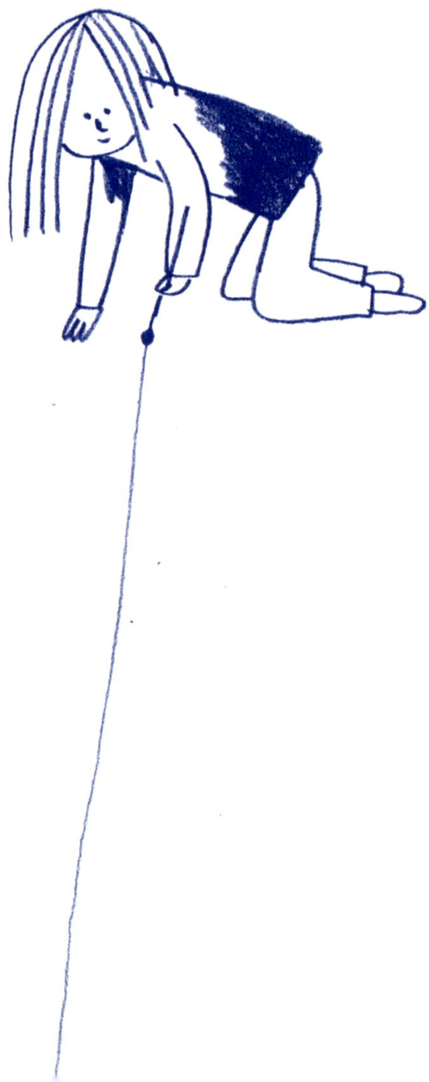

CRIATIVIDADE

(Já pensou?)
"Todas as coisas fantásticas que aconteceram neste mundo existiram primeiro na imaginação de alguém."*

* Frase de Astrid Lindgren.

Queridos pensamentos, aonde me levam hoje?

A criatividade pode ser definida como a capacidade de criarmos qualquer coisa original que tenha uma utilidade.

Mas o que é isso de ter uma utilidade?

Um guarda-chuva, um saca-rolhas ou até uma vacina são soluções criativas e facilmente reconhecemos a sua utilidade. Mas... E as obras de arte? Podem ser novas e originais, mas serão úteis?

É muito provável que as pessoas que nunca sentiram como uma experiência artística pode transformá-las digam que certas obras de arte não servem para nada. E, realmente, naquele sentido de ter uma utilidade prática, como um guarda-chuva ou uma vacina, não servem. No entanto, pela forma como podem interferir nos nossos pensamentos, nas nossas emoções ou no modo como nos relacionamos com o mundo, também as obras de arte têm uma utilidade.

É por isso que podemos dizer que foi criativo não só quem inventou o saca-rolhas (anônimo), como também, ainda que de outra maneira, quem inventou a primeira vacina (Pasteur); e ainda de uma outra maneira, quem criou o imaginário de *Alice no País das Maravilhas* (Lewis Carroll) ou pintou *A dança* (Henri Matisse).

Arrumar as ideias antes de começar a desarrumá-las

Responda: talvez sim ou talvez não?

1. A criatividade é um talento reservado a um pequeno grupo de pessoas.

2. A criatividade não é algo que se possa ensinar. Ou nasce conosco ou não há muito a fazer.

3. A criatividade existe sobretudo no mundo das artes. Pintores, escultores, músicos e escritores são quem faz mais uso da criatividade.

4. A criatividade é resultado apenas da inspiração. Isto é, as boas ideias chegam sem qualquer esforço.

Já respondeu? Quando chegar ao final deste capítulo, verifique se você mantém as suas respostas ou se mudou de opinião.

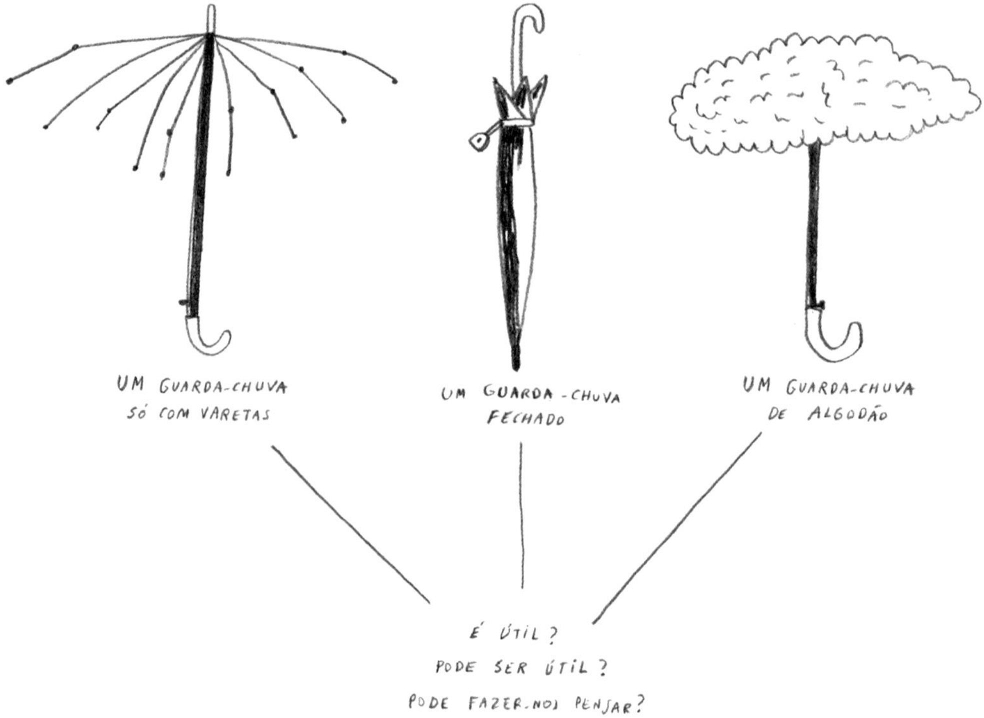

O que dizem os especialistas neste assunto?

(Ou vamos lá ver se os especialistas concordam com você...)

Todos somos criativos

Pense na quantidade de situações que exigem que usemos a criatividade: cozinhar, lidar com imprevistos numa viagem, saber gerir o dinheiro... Se você pensar bem, até para explicarmos as nossas ideias temos de ser criativos: procurando as frases certas, fazendo a combinação de palavras mais eficaz e expressiva para transmitir um pensamento. Se você reparar, ao longo da História, a todo o momento encontram-se provas de que a criatividade foi um dos motores da evolução humana. Por isso podemos dizer que todos temos capacidades criativas e que quanto mais essas capacidades forem valorizadas e treinadas no dia a dia, mais criativos poderemos nos tornar.

RODAS
DE BARRO
RODAS
DE MADEIRA
AS PRIMEIRAS RODAS DE MADEIRA
ERAM FEITAS DE UM PEDAÇO
DE MADEIRA SÓLIDA.
MAIS TARDE
MUITO MAIS LEVE!

MAS HÁ PESSOAS MAIS CRIATIVAS QUE OUTRAS OU NÃO?

Talvez sim. Porque foram mais estimuladas, com certeza. E talvez também, pensam alguns cientistas (mas não todos), porque herdaram alguma tendência para serem mais criativas. Os cientistas que estudam a ligação entre certas doenças mentais e a criatividade descobriram que há uma relação entre as duas: as famílias em que existe uma tendência genética para certas doenças (esquizofrenia, por exemplo) são também as famílias onde há um maior número de pessoas muito criativas. Portanto, assim como se herda uma doença, talvez também se possa herdar uma tendência para pensar "fora da caixa".

A criatividade pode ser ensinada, sim.

Podemos aprender a ser mais criativos, mas no mundo em que vivemos nem sempre é fácil, porque um dos ingredientes mais importantes para a criatividade acontecer é podermos cometer erros.

"Erros? Tem certeza? Mas a gente não passa a vida inteira fugindo dos erros, como o diabo da cruz?", você pergunta, e com toda a razão. Sim, a gente passa.

Mas, para sermos criativos, é importante que possamos experimentar e correr riscos, e é aqui que entram os erros: imagine um chefe de cozinha que quer criar uma nova sobremesa. Como ele pode inventar uma nova combinação de sabores sem primeiro tentar, provar e errar; e depois tentar de novo, voltar a provar e errar outra vez? Esse processo é válido para todos os processos criativos, seja na cozinha, no laboratório de um cientista ou no ateliê de um ilustrador. Ou seja, errar é importante. Guarde essa ideia.

Para se desenvolver, a criatividade precisa andar soltinha. Precisa cair, se esfolar e voltar a se levantar.

O dramaturgo Samuel Beckett um dia escreveu: "Tentar outra vez. Falhar outra vez. Falhar melhor."

PENSAMENTO CONVERGENTE, PENSAMENTO DIVERGENTE[12]

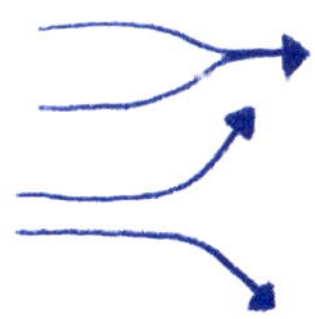

Convergente = que vai dar no mesmo lugar.

Divergente = que se afasta e discorda.

O pensamento convergente procura uma solução única e correta para um problema. Como se tudo convergisse para o mesmo lugar. As pessoas mais criativas tendem a sair deste caminho já explorado, como se se desviassem da estrada mais movimentada e procurassem atalhos novos. Esse tipo de pensamento, que segue por caminhos menos comuns e por vezes encontra soluções menos óbvias, chama-se pensamento divergente e tem um grande potencial de inovação.

12) Quem criou estes conceitos foi um pesquisador chamado Joy Paul Guilford.

É VERDADE QUE A ESCOLA MATA A CRIATIVIDADE?

Bem... Depende da escola, dos professores, dos alunos também. Mas podemos dizer (com alguma tristeza) que a escola tem se preocupado mais com o pensamento convergente, a repetição de fórmulas, do que com o pensamento mais criativo. Em grande parte dos países, os alunos dedicam muito mais horas do seu dia na escola tentando resolver problemas do tipo "certo" ou "errado" do que treinando a sua criatividade, com atividades como o teatro, a música, a dança, a poesia, as artes plásticas ou as experiências científicas e o pensamento crítico (que leva a perguntar "será?" ou "não há outra solução?"). Claro que os dois tipos de treino são importantes, mas talvez fosse bom nos preocuparmos igualmente com ambos, até porque o nosso cérebro (como já vimos antes) adora hábitos. E entre um caminho que já existe e outro novo, segue o caminho já construído, por uma questão de economia. Resultado: se não pensarmos de modo novo, as nossas capacidades criativas vão começar a definhar, como um músculo que não é exercitado.

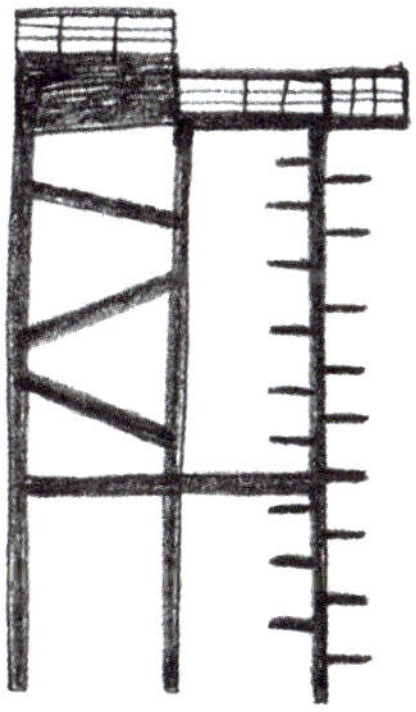

Ser criativo é ver mais longe (ou mais perto)
do que a primeira vista alcança.
É usar uma segunda, terceira, quarta vista.

A criatividade não é uma capacidade exclusiva dos artistas

É verdade que as artes mostram bem o poder da criatividade, mas em todas as outras áreas também existe criatividade: na bioquímica, na cozinha, no ensino, na mecânica, na jardinagem, na arquitetura, na astronomia, na política... Em todas as áreas, sempre que há desafios e problemas, a criatividade pode propor soluções eficazes para resolvê-los.

A criatividade não é apenas o momento em que gritamos "EUREKA!"

A tendência é pensarmos que as pessoas criativas são pessoas especiais e que até têm a sorte de ter de trabalhar menos horas do que as outras. Que "os criativos" passam o dia todo dormindo e, de repente, acordam e têm uma ideia genial. Se você acha que é assim, está enganado.

É verdade que há descobertas científicas que são fruto do acaso (de um engano ou de um acidente) e que há algumas obras de arte que podem ter sido criadas numa só tarde, mas a criatividade é sempre um processo com quatro etapas — preparação, incubação, inspiração e concretização — e não se resume ao momento em que Arquimedes, na sua banheira, gritou "Eureka!", em que

Thomas Edison pensou na possibilidade de criar uma lâmpada elétrica ou em que Michelangelo sentiu vontade de esculpir na pedra o seu incrível Davi. Todos eles, como todas as pessoas criativas, dedicaram milhares de horas às suas pesquisas e ao seu trabalho, e essas horas funcionaram como uma espécie de preparação para esses momentos em que uma faísca criativa brilhou com mais intensidade.

Dois criativos famosos, os cientistas Louis Pasteur e Albert Einstein, resumiram bem essa ideia em duas frases que ficaram para a história. Sobre haver cientistas que foram ajudados pelo acaso nas suas descobertas, o primeiro disse que "os acasos só favorecem os espíritos preparados", ou seja, só quem está desperto, atento, à espera, está verdadeiramente preparado para distinguir, no meio do acaso, a resposta para determinado problema.

Einstein nos deixou uma outra frase que talvez você já conheça: "O gênio é composto de 1% de inspiração e 99% de transpiração". Portanto, se você quer dar uma contribuição para o mundo, pesquise e trabalhe. A solução — muitas vezes inesperada, muitas vezes diferente daquela que você procurava — virá ao seu encontro se você mantiver uma atitude alerta, uma certa abertura no espírito para que a solução nova "te encontre" e você consiga identificá-la (com entusiasmo!) entre tantas outras que não servem...

Picasso teria dito um dia:
"Eu não procuro, eu encontro".
Artistas e cientistas têm de estar
preparados para o inesperado.

A MAÇÃ NA CABEÇA DE NEWTON

Conta a história que Newton (1643-1727) descobriu o conceito de gravidade quando uma maçã caiu em cima da cabeça dele (para quem não se lembra: gravidade é a força de atração que existe entre todas as partículas do universo). Foi naquele momento que se fez luz na cabeça de Newton. Mas, e se a maçã tivesse caído na cabeça do jardineiro? Então, não teria sido a mesma coisa... O que a história nem sempre conta é que Newton já tinha passado muitos anos estudando matemática, geometria e álgebra e fazendo cálculos para medir a órbita dos planetas... Ou seja, muita transpiração, antes da inspiração final.

As etapas para se chegar a uma ideia brilhante

Imaginemos que você é um cientista que procura a cura para uma doença causada por um vírus chamado TXC4.

Etapa 1: Estudar!

Primeiro, você tem de conhecer muito bem o tema, saber como é que os diferentes vírus se comportam e ler tudo o que for possível sobre o comportamento desse vírus em particular. Você deve estar atento ao trabalho dos outros cientistas que também procuram a solução para o mesmo problema, pois as ideias de uns e outros podem se completar e alimentar novas soluções. Todo esse estudo leva muito tempo...

Etapa 2: Observar de todos os ângulos

Depois, você deve ser capaz de olhar para o seu objeto de estudo sob muitas perspectivas diferentes e até de perspectivas menos habituais. Por exemplo: imagine que todos os cientistas procuram uma forma de destruir o vírus TXC4 através de substâncias extraídas de plantas tropicais (que já se provou serem capazes de atenuá-lo, mas não de eliminá-lo). Você pode tentar procurar uma outra forma de destruí-lo. Se você sabe que existe uma proteína que temos no sangue que se revelou capaz de combater outros vírus em certas condições, pode tentar adaptar esse conhecimento ao seu desafio.

Etapa 3: Ser capaz de fazer uma associação surpreendente

A: Como você já conhece bem o vírus TXC4.

B: Como você conhece as capacidades de algumas plantas para atenuá-lo.

C: E como você sabe que, dentro do corpo humano e em certas condições, há uma proteína capaz de destruir vírus semelhantes... ...Por algum motivo inesperado, você decide juntar **A** + **B** + **C**. Você então cria as condições para a proteína do sangue ser ativada, ao mesmo tempo que junta as substâncias extraídas das plantas tropicais, obtendo assim uma estratégia infalível para destruir esse vírus!

É assim que funciona a criatividade no meio científico.
Mas, claro, chegar a uma solução que seja eficaz pode levar muito, muito tempo.

A informação que nos inspira pode vir de todos os lados: dos campos literário, artístico, científico ou até de uma conversa com um amigo. Por exemplo: os modelos de tensão estudados em engenharia civil (necessários para construir uma ponte) têm ajudado a perceber os mecanismos de reparação de feridas nos tecidos humanos após cirurgias ou acidentes. É por isso que todos (todos, todos mesmo) os conhecimentos são úteis. Só não sabemos quando é que vamos poder usá-los ou aproveitar ideias ou soluções que se julgavam "erros".
Mas o dia chegará!

Ideias pré-fabricadas, pré-congeladas, pré preparadas são quase sempre meio caminho andado para afastar a criatividade. Porque a criatividade é precisamente o contrário, como legumes frescos que acabaram de ser colhidos da horta.

DESAFIO

Juntar A mais B nem sempre é matemática

As pessoas mais criativas têm mais facilidade em fazer associações entre elementos que aparentemente podem não estar relacionados. É assim que se tornam capazes de ver coisas que outras pessoas não veem, como se a criatividade as dotasse de uma visão especial e quase mágica. Você também tem isso, quer experimentar?

Tente fazer uma história com estas imagens, que, à primeira vista, não têm nenhuma ligação.

Você conseguiu? O que aconteceu dentro do seu cérebro?
Primeiro você olhou bem para as imagens. O seu córtex visual encarregou-se de te trazer a informação necessária sobre as formas, tamanhos, detalhes.
Depois, é provável que o seu cérebro tenha transformado as imagens em palavras e percepções, dando-lhes significado.
A seguir, os seus pensamentos continuaram a divagar e o seu cérebro pôs em ação as áreas especializadas em fazer conexões (os chamados córtices de associação). Nesse processo, seu cérebro foi buscar ingredientes na sua memória pessoal, criando assim material único para inventar a sua história.

Se você se esforçou um pouco, com certeza saiu daqui uma história bem diferente da do vizinho do lado (que terá outras memórias e fará outras associações). Você pode pedir a alguém que faça o mesmo exercício e te conte a história que inventou, para assim compararem.

Seguindo as pistas da criatividade no cérebro

Não é fácil traçar o caminho da criatividade dentro do cérebro. Alguns neurocientistas têm usado uma estratégia que consiste em estudar as pessoas que se revelam mais criativas na vida.
Há cientistas, por exemplo, que estudaram pianistas de *jazz* profissionais e *rappers* que cantam de improviso durante uma atuação, para tentarem perceber como é que os cérebros deles se comportavam nos momentos em que improvisavam.
Para isso, compararam imagens obtidas em dois momentos: quando os pianistas tocaram uma composição de memória e quando improvisaram no momento. Concluíram algo espantoso: nos momentos de improvisação — mais criativos, portanto —, a atividade cerebral aumenta numa zona do córtex pré-frontal dedicada ao pensamento introspetivo

(aquilo que fazemos quando estamos metidos lá com os nossos botões, como se costuma dizer) e diminui em outra zona do córtex, envolvida no planejamento e na inibição de ações (quando decidimos não fazer uma coisa).

Qual é a conclusão?

Simples: que o cérebro criativo funciona melhor quando não está preocupado com o que os outros pensam, quando "desliga" algumas partes que habitualmente tomam conta das operações. Como se precisasse relaxar em relação às tarefas de controle para conseguir produzir algo novo. Faz sentido, não acha?
Se você está tomando conta de uma coisa com toda a concentração, é mais difícil fazer o seu cérebro voar para outros lugares, concorda?

P.S.: O estudo feito com *rappers* improvisadores mostrou os mesmos resultados!

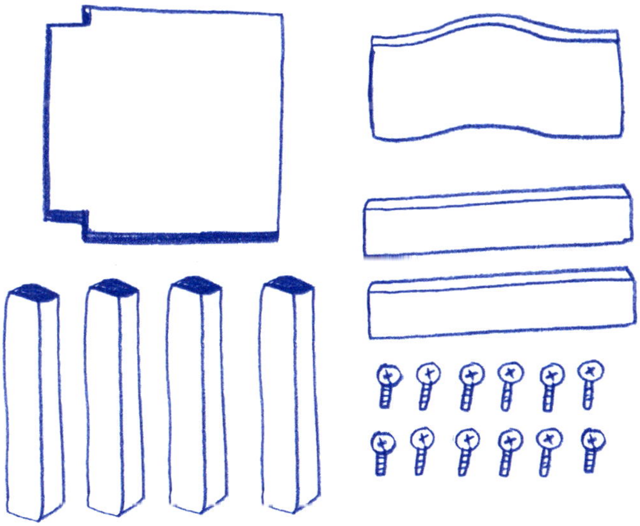

Unir o que está separado

As pessoas criativas não fazem conexões previsíveis, caso contrário não seriam criativas. Os grandes criativos fogem do lugar comum (de frases feitas, por exemplo) e tentam não usar fórmulas fixas, pois estas podem ser obstáculos que impedem a imaginação de ir mais longe. Quanto mais livres as associações, mais surpreendentes podem ser.

Um exemplo: montar um filme é fazer uma escolha e criar uma sequência. Entre os sons e as imagens recolhidas, o cineasta seleciona o material a ser usado e organiza-o com uma determinada intenção. É por isso que a forma como se monta um filme é tão importante: porque influencia o modo como a história é contada e como nós a recebemos.

Cada cineasta tem um processo de montagem muito próprio (claro), mas o diretor Robert Bresson resumiu-o assim: "Aproximar coisas que nunca foram aproximadas e que não pareciam predispostas a sê-lo".

Existe uma receita para sermos criativos?

Claro que não. A criatividade é precisamente o contrário de uma receita. Você até pode conhecer todos os ingredientes e mil formas de preparo, mas tem de dar um passo adicional para conseguir cozinhar algo original e saboroso. Há alguns aspectos importantes, por exemplo:

Estar atento

Isto é, estar disponível. Manter a porta aberta para aquilo que o mundo pode trazer e estar preparado para usar esse novo material.

Ser crítico, flexível e corajoso

Ou seja, ser capaz de questionar o que é considerado normal e padrão, para poder ousar com soluções novas. Mesmo que seja contra tudo e contra todos. Mesmo que vá contra aquilo que os outros pensam e contra o que se faz habitualmente. É por isso também que a criatividade exige uma certa coragem: "Por que vou continuar a fazer isto assim? Vou experimentar de outra maneira!".

Pensar, relaxar, perambular...

O momento em que as ideias despontam pode ser bastante imprevisível, muitas vezes acontece quando menos se espera. E não é por acaso. Muitas vezes é exatamente quando a nossa mente faz aquilo que nos parece ser uma pausa (do trabalho) que uma boa ideia surge. Como se as ideias continuassem a fermentar dentro de nós e se ligassem de um modo que ninguém esperava. E fazem isso quando a nossa mente baixa a guarda.

DESAFIO

Pense no maior número de usos diferentes que você consegue dar a um simples clipe.

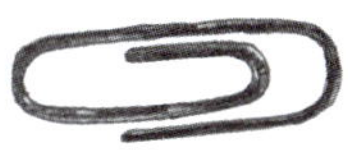

UMA MESA É UMA MESA. SERÁ?

Qual é a atividade que ninguém leva muito a sério e que, na verdade, é importantíssima para o desenvolvimento humano? É a brincadeira, claro. Brincar de fazer de conta (aquilo a que os psicólogos e educadores chamam "jogo simbólico") é fundamental para nos tornarmos seres sociáveis e mais criativos também. Lembra-se de quando você se escondia debaixo da mesa, imaginando que estava numa gruta? De brincar de loja, de guerra ou de escolinha? No fundo, estava praticando uma atividade que o próprio cérebro faz muito: criar representações do mundo usando a criatividade, para assim treinar uma grande variedade de situações que você vai encontrar pela vida afora. Por exemplo, resolver problemas e negociar, gerir conflitos e emoções ou criar regras.

DESAFIO

Esquisito? Eu?

Se dê a liberdade de fazer coisas que podem parecer esquisitas! Isso pode te ajudar a sair dos padrões de pensamento habituais e despertar seu lado criativo. Exemplos:

-- Desenhar de olhos fechados.

-- Reparar em todos os sons no caminho da escola para casa.

-- Inventar uma língua nova com os amigos.

-- Passar uma noite sem tecnologias.

Faça seus próprios planos esquisitos.

Máquina de Turing: máquina ccncebida em 1936 pelo matemático Alan Turing. Considerada o primeiro computador. Que grande invenção!

EXPERIÊNCIA ESTÉTICA

Quando saímos de nós mesmos e
voltamos transformados.

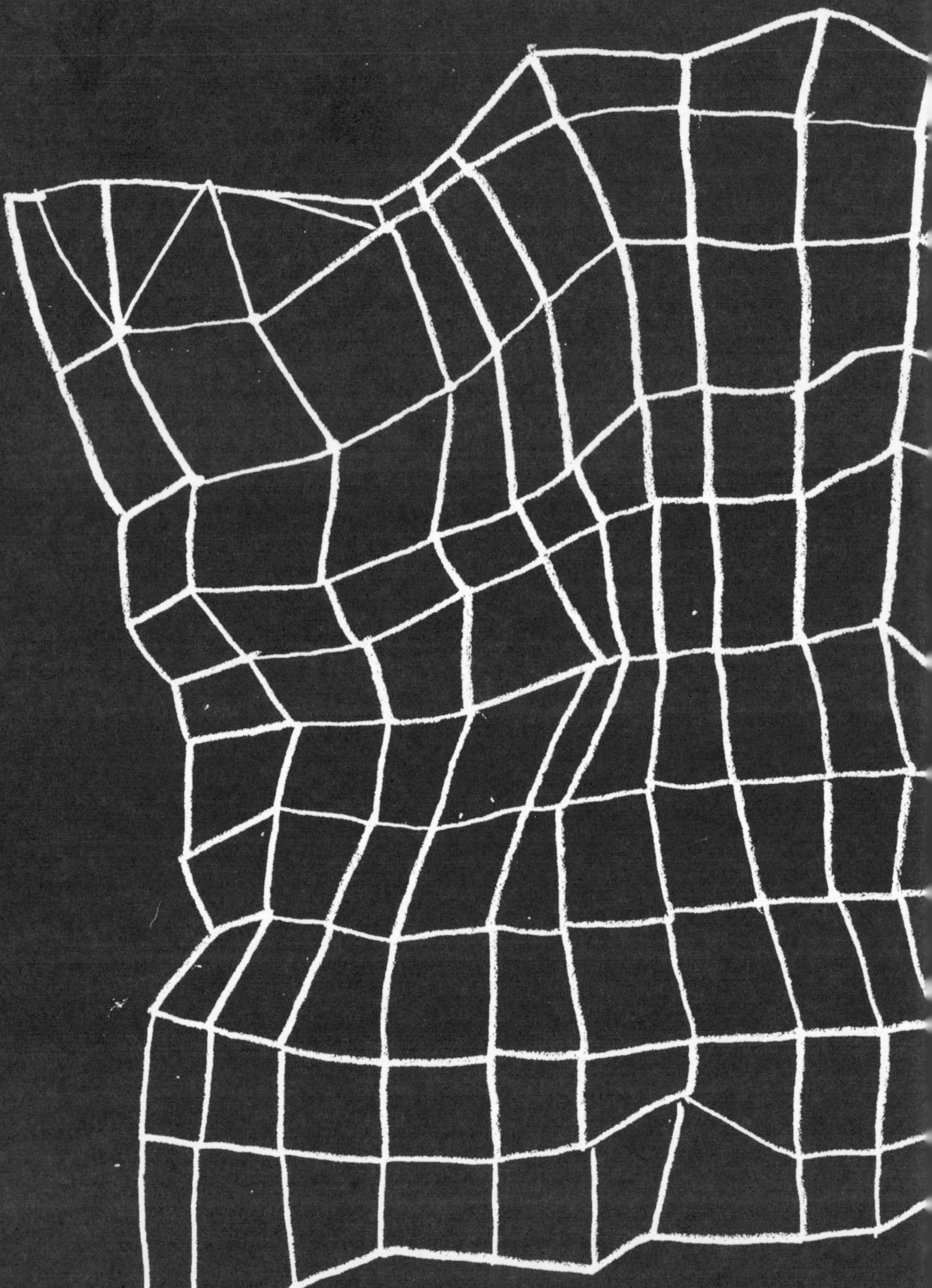

Do que precisamos para viver?

Ao longo deste livro, já vimos como, além de oxigênio, energia ou descanso, precisamos de muitos outros elementos para viver. Por exemplo, o contato com outras pessoas, algo capaz de nos proporcionar desafios e experiências novas, ou — por exemplo — a curiosidade. Já imaginou se você não se sentisse minimamente curioso a respeito de nada? Dificilmente se manteria vivo!

Mas, no meio de tudo isso — comer, respirar, dormir, conversar, descobrir, aprender —, existe um território que muitas vezes é visto como "um planeta à parte". Falamos de experiências que podem acontecer quando ouvimos uma orquestra, lemos um livro, apreciamos uma paisagem ou uma escultura. Ou seja, tudo aquilo a que se chama experiências estéticas e que inclui não apenas sentir a beleza de alguma coisa, mas também muitas outras sensações e sentimentos.

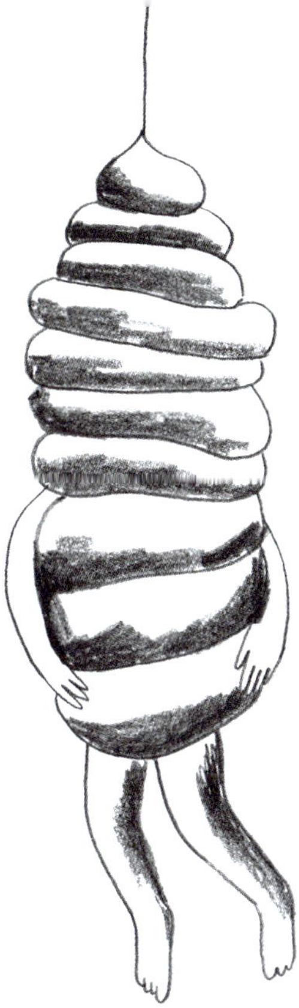

LOUISE BOURGEOIS, *SPIRAL WOMAN*, 1984.

A arte não é apenas a busca do belo. Refletir sobre a sociedade ou sobre a política também pode ser arte. Como tal, uma obra de arte pode ser feia, chocante ou agressiva. O importante é que de alguma maneira nos transforme.

Mas agora começam as dúvidas. Se muitos cientistas acreditam que, em última análise, o nosso cérebro existe apenas para nos manter vivos e com melhores hipóteses de sobrevivência, para que servirão então experiências como essas que acabamos de descrever? Afinal, aparentemente, sobrevivemos sem música, sem paisagens bonitas, sem pinturas que nos deixam pensando... ou sem livros que nos transformam para toda vida.

O QUE DIZEM OS FILÓSOFOS?

Também muitos filósofos pensaram sobre o que é isso de "viver uma experiência estética". Alguns deles realçam dois aspetos importantes para distinguir essa experiência de uma outra experiência de apreciação qualquer (como saborear um sorvete).

- Primeiro: para apreciar um objeto estético (como um livro ou uma pintura) não precisa comê-lo! Ou seja, a experiência estética não implica mudar, destruir ou comprar o objeto que está sendo apreciado, e sim libertá-lo.
- Segundo: uma experiência estética pode sempre ser partilhada de modo infinito, ao contrário de um sorvete, que, quanto mais dividido, mais depressa desaparece!

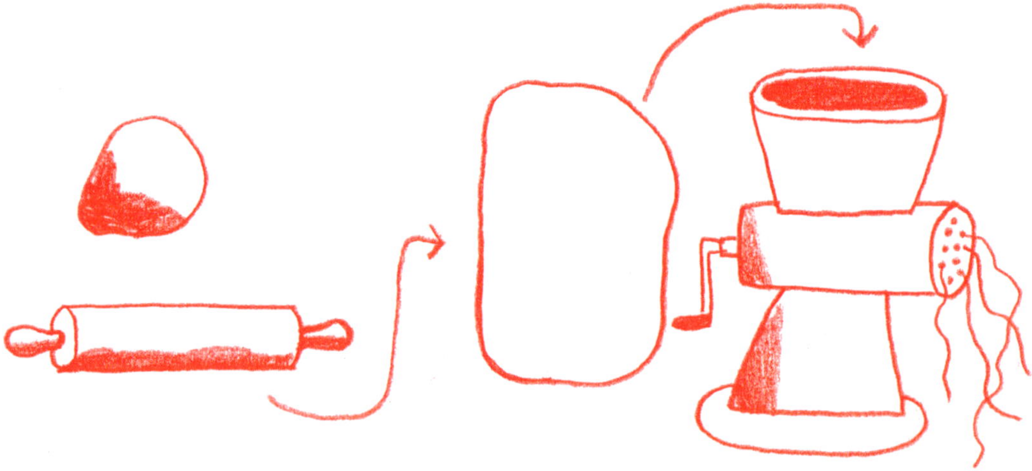

Para que servem as experiências a que chamamos "estéticas" e "artísticas"?

Podemos dizer que através delas exprimimos e alcançamos emoções, ou conhecemos as emoções dos outros. Através delas questionamos o mundo ou conhecemos outras perspectivas sobre ele. Podemos dizer simplesmente que nos dão prazer. Mas, prazer por prazer? Os cientistas sempre desconfiam que há uma razão para tudo, e se o cérebro nos dá a recompensa do prazer, por alguma razão será. Mas qual?

São tantas e tão variadas as perguntas, que esse misterioso território tem atraído exploradores de muitas áreas diferentes: filósofos, psicólogos, historiadores de arte, artistas... Mais recentemente, juntaram-se a esse grupo várias equipes de neurocientistas tentando estudar as áreas que ficam mais ativas no cérebro quando vivemos uma experiência artística/estética, seja como criadores de arte, seja apenas como apreciadores. Foi assim que se formou uma área de pesquisa chamada neuroestética. E como sempre acontece quando vários exploradores partem à descoberta de uma coisa nova, há várias investigações acontecendo.

Aqui estão algumas delas:

Investigação n.º 1: apreciar um sorvete será o mesmo que apreciar uma obra de arte?

Há pesquisadores que procuram responder a essa pergunta e sugerem a seguinte hipótese: talvez o nosso cérebro tenha começado por avaliar as coisas do mundo por uma questão de sobrevivência — alimentos, expressões faciais, sons etc. — e, aos poucos, tenha estendido esse sistema de avaliação à arte e a outros tipos de apreciação (uma paisagem, por exemplo). Por essa razão, pensam esses pesquisadores, talvez haja zonas do cérebro comuns ativas em ambas as apreciações (sorvetes e obras de arte). Depois de alguns estudos, concluíram que sim: umas das regiões que participa em ambas as experiências é a ínsula, lembra-se dela?

É essa a zona do cérebro que se acende quando sentimos dor ou aversão e nos ajuda a decidir se gostamos ou não gostamos de uma coisa.

Mesmo assim, há muitos pesquisadores que não têm tanta certeza de que a experiência de apreciar algo que nos dá prazer, como uma sobremesa, seja exatamente a mesma de apreciar as sonatas de Bach (se você ainda não as ouviu, delicie-se). Por isso, continuam tentando responder a perguntas como:

- Haverá beleza na matemática?
- Para que serve a arte?
- Por que uma pintura abstrata, na qual tantas pessoas não conseguem ver "nada de especial", é tão interessante para outras?
- Por que as artes nos atraem e nos dão tanto prazer?
- Que áreas do cérebro se ativam enquanto um artista desenha, um músico improvisa ou um bailarino dança?

Investigação n.º 2: procurando a beleza das equações matemáticas...

Intrigado com o fato de muitos matemáticos descreverem como "belas" algumas equações matemáticas, o neurocientista Semir Zeki procurou saber se essa experiência de beleza acerca de uma coisa tão abstrata como a matemática poderia ser comparada à beleza que sentimos quando apreciamos música ou pintura. Para isso, analisou a atividade cerebral de 15 matemáticos, enquanto estes observavam uma série de equações que antes já tinham classificado como "belas", "indiferentes" ou "feias". As experiências demonstraram que a beleza proporcionada pela matemática ativa a mesma área do córtex órbito-frontal (atrás das suas sobrancelhas!) que a beleza proporcionada pelas sensações que nos chegam através dos sentidos (sons, imagens etc.).

Não consigo me decidir entre este poema de quatro versos
e este sorvete de quatro sabores.

Investigação n.º 3: para onde nos levam os filmes, os livros, as pinturas?

Há quem diga que as artes são uma forma de comunicarmos as emoções mais sutis que não são tão simples de exprimir de outros modos. Mas será que servem só para isso?

Parece que não. Acredita-se que a aquisição de conhecimento está por detrás desse mistério. Mas através da arte? De que maneira a arte nos faz adquirir conhecimentos importantes para a nossa sobrevivência, quando há tantas pessoas que parecem dispensá-la? Será que não conseguiríamos viver sem ela?

Grande parte dos estudiosos acredita que a arte é capaz de nos transportar para lugares distantes daqueles para onde as atividades comuns do dia a dia nos levam. É como se apenas através dela pudéssemos chegar a certo tipo de pensamentos e emoções que não alcançamos quando calçamos os sapatos ou lavamos a louça (a não ser que estejamos distraídos inventando um poema ou uma melodia. Também pode acontecer...). Um exemplo: quando lemos um romance ou apreciamos uma pintura, os nossos neurônios (aqueles que se chamam "espelho", lembra?) nos levam a vivenciar o que estamos vendo, lendo, ouvindo, e isso nos faz conhecer outras perspectivas do mundo e fazer mais perguntas. Concorda?

Uma obra de arte pede a cada um dos cérebros que a vê, ouve ou lê, que faça a sua própria interpretação, que se interrogue, que acrescente qualquer coisa sua (referências, memórias etc.).

Além disso, as artes nos dão oportunidade de, pelo menos de vez em quando, descansar da realidade, que pode ser um bocadinho cansativa, sempre exigindo ao cérebro que a organize.

Há quem diga até que as grandes obras são aquelas que nos fazem sair da realidade e de nós mesmos, trazendo-nos, na volta, já diferentes. E quanto mais uma obra for capaz de nos fazer sair — nos entusiasmando, nos interrogando —, maior é também a sua capacidade de nos fazer retornar à realidade com outro olhar, outra força.

DESAFIO

Cuidado: a arte pode mudar você!

Com certeza você já ouviu frases do tipo "a minha vida mudou desde que li aquele livro". E de certa maneira é verdade: nos tornamos mesmo outras pessoas, com novas camadas, novas sinapses. Pense em músicas, bandas, artistas, peças de teatro, filmes que tenham contribuído para você ser quem é.

Investigação n.º 4: qual o segredo da arte abstrata?

Em "modo cotidiano", o cérebro tem de se preocupar com a realidade, mas em "modo artístico", nem sempre. Quando nos dedicamos à arte, é quase como se estivéssemos de férias, pois podemos usar todos os elementos que fazem parte do sistema sensorial e jogar com eles.

É por isso que os artistas não precisam se preocupar em representar a realidade tal como ela é, podendo, por exemplo, decidir usar apenas uma cor nas suas obras (como Picasso no seu período azul) ou desconstruir os objetos, representando-os em várias perspectivas ao mesmo tempo (como faziam os pintores cubistas).

A arte abstrata, por exemplo, é uma oportunidade única para descansarmos dos objetos, das figuras humanas, das paisagens. No cérebro temos muitos sistemas que trabalham só para reconhecermos tudo isso, portanto dar ao cérebro alguma abstração pode ser uma grande libertação. Livre de preocupações, o cérebro não precisa identificar tudo de uma forma tão funcional e automática e pode se divertir brincando com o que vê, descobrindo coisas novas ou olhando para dentro de si mesmo, para as suas emoções e espiritualidade.

Nunca mais fui o mesmo desde que vi aquela pintura...

Mais uma pergunta em investigação: será o nosso cérebro um artista?

Há cientistas (como Semir Zeki e Vilayanur Ramachandran) que pensam que a arte tem também esta função: assim como o nosso cérebro, numa grande obra de arte o artista consegue captar o que considera essencial de uma dada cena, tema ou momento, e nos oferecer o mundo filtrado através do seu ponto de vista, partilhado conosco.

Imagine que você foi à praia ver o mar num dia de outono. Os seus sentidos te trazem muitas informações, não apenas o cheiro do mar ou a cor da espuma das ondas. Há centenas de estímulos diferentes que o seu cérebro recebe: por exemplo, o brilho da luz (na areia, na água, no céu); as diferenças sutis de cor (da areia seca ou molhada, do mar raso ou mais profundo); a distância que te separa de todas as coisas e a distância das coisas entre si (as nuvens mais baixas e mais altas, um surfista perto da costa e um barco próximo da linha do horizonte); as formas dos objetos; a perspectiva de onde você os vê...

E de repente uma nuvem mais escura tapa o sol e os elementos que acabamos de descrever se alteram drasticamente. Como o cérebro consegue aprender o que quer que seja num mundo em permanente mudança? Como conseguimos continuar a ver o mesmo mundo, se todas as referências mudam? É que o cérebro consegue abstrair-se dessas mudanças e focar-se apenas no que é importante, conseguindo captar uma escolha do que estamos vendo (neste caso uma praia num dia de outono). Como disseram os cientistas Zeki e Ramachandran, a resposta está no verbo "filtrar".

O QUE FAZ DE UMA OBRA DE ARTE UMA OBRA-PRIMA?

Se você respondeu "dominar uma técnica", não acertou, mas não está totalmente errado. Claro que é preciso dominar uma técnica muito bem (horas e horas praticando violino ou escrevendo...) para podermos deixar de nos preocupar com ela. Também é necessário ter conhecimento da história que antecede o nosso trabalho. Quando isso acontece, um artista ganha liberdade, asas para voar e, nesse momento, talvez consiga criar uma obra mais complexa e original, que ofereça muitas leituras. Pode ser então que surja uma obra-prima.

JOSEPH BEUYS,
FELT SUIT, 1970.

EM CADA PESSOA UM ARTISTA

O artista alemão Joseph Beuys (1921-1986) dizia que cada pessoa é um artista. Dentro da área de cada um, da agricultura à educação, todas as pessoas podem contribuir com soluções criativas para, como afirmava ele, esculpir uma sociedade melhor do ponto de vista ético, econômico, ambiental etc.

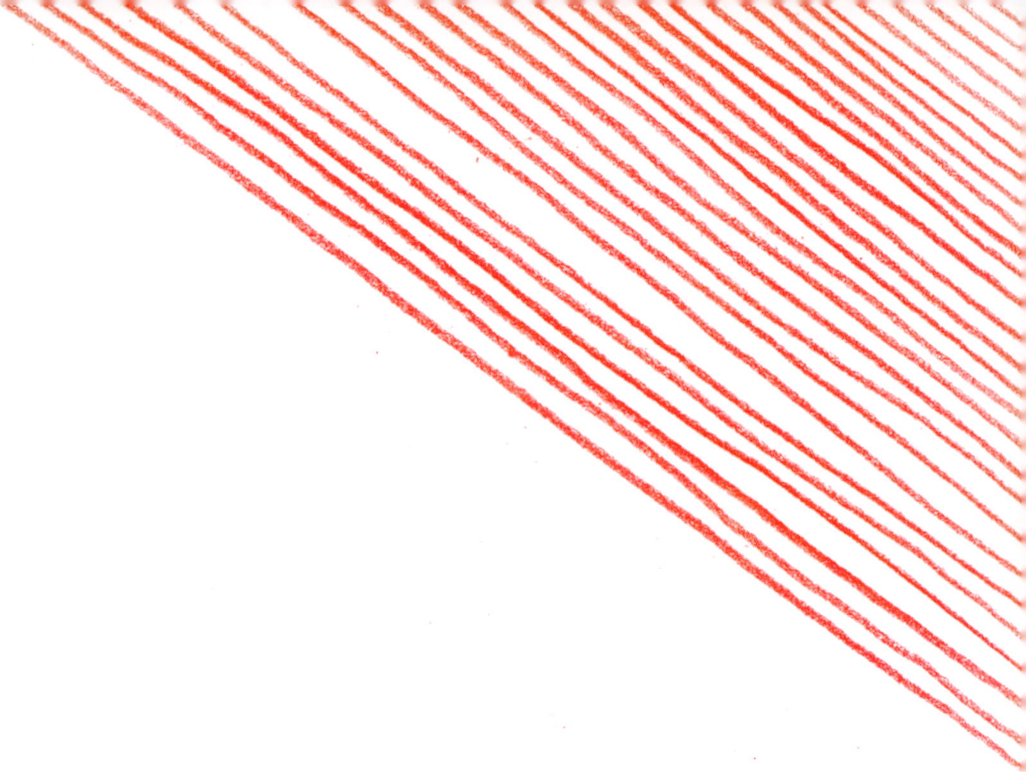

DESAFIO

O que procura um artista quando cria uma obra?

Representar a realidade? Criar a realidade? Exagerá-la? Ultrapassá-la? Compreendê-la? Distorcê-la? Fugir dela? Desconstruí-la?
Desenhe a vista da janela do seu quarto, pensando em várias possibilidades.

O que é que existe no cérebro
que nos permite sentir a beleza?
Hum, pergunta difícil...
Só se sabe que a sensação de beleza
tem origem no seu mundo sensorial,
nas suas memórias e emoções.

DESAFIO

Desenhar exige muito do cérebro.
Experimente, sem medo.

Desenhar implica o trabalho conjunto de grande parte do cérebro. Arranje um bloco de papel, escolha dois ou três materiais (grafite, caneta de feltro etc.) e desenhe elementos do seu cotidiano: um copo, um sapato, um gato aninhado...

- Exercício 1: desenhar sem olhar para o papel.
- Exercício 2: desenhar com a mão esquerda.
- Exercício 3: desenhar só com linhas.
- Exercício 4: desenhar só com luz e sombra.

Não se preocupe com o resultado. Observe e desenhe. Sem medo de errar (não se esqueça: não há desenho errado, tudo são experiências).

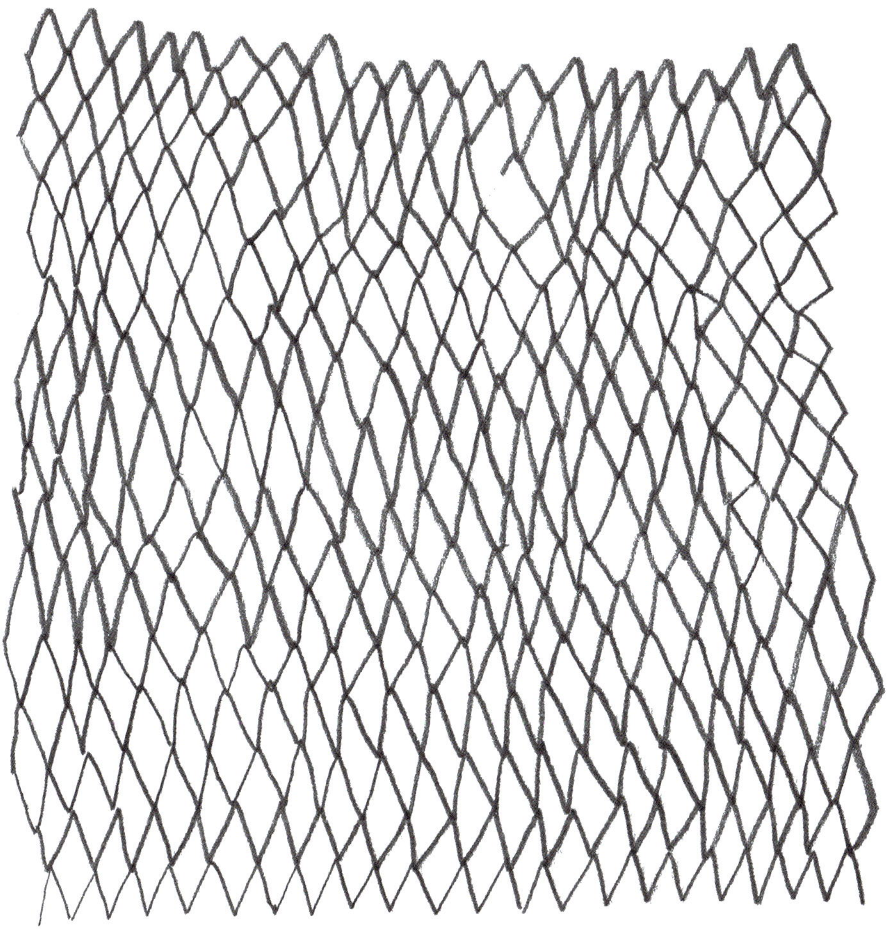

Mas por que tanto prazer?

A música, a dança, a pintura ou a leitura de um livro ativam os centros de prazer do cérebro — um deles é o *nucleus accumbens*, lembra dele? — e provocam a liberação de dopamina, a mesma substância liberada quando tomamos um sorvete delicioso (talvez por isso alguns cientistas defendam a tal teoria que põe sorvetes e esculturas no mesmo saco...). Mas as artes ativam também a amígdala (ligada às emoções) e zonas do córtex pré-frontal mais ligadas ao pensamento abstrato (e não só). O cérebro não tem propriamente um "centro artístico" onde tudo se concentra. Assim como em tantas outras áreas abordadas neste livro, há atividade em diferentes zonas cerebrais que se coordenam entre si.

E dependendo do objeto artístico apreciado (dança, cinema, música), as áreas envolvidas também variam.

Ao observarmos um espetáculo de dança, por exemplo, o córtex visual participa (enquanto vemos os movimentos, claro), no caso de a dança ser acompanhada de música, também o córtex auditivo; mas igualmente o córtex motor, porque, mesmo que estejamos parados observando, o cérebro acompanha os movimentos da coreografia.

Para apreciarmos a beleza de uma dança, as nossas experiências passadas (ou seja, as áreas mais ligadas à memória e às emoções) também contam, se gostamos ou nos aborrecemos ou se somos fãs daquele bailarino em particular. Tudo pode influenciar a nossa experiência.

Os estudos prosseguem e continuam a ser encontradas novas regiões envolvidas nas experiências artísticas (veja o quadro).

NA MÚSICA: O QUE ESPERAMOS E O QUE NÃO ESPERAMOS

Intrigado sobre o prazer que encontramos ao ouvir música, o cientista Daniel Levitin concluiu que o cérebro não envia sinais apenas ao córtex auditivo, mas também para o cerebelo, região responsável pelo equilíbrio e pela sincronização de movimentos. O cerebelo é, assim, uma espécie de máquina de medir o tempo e o ritmo dentro do cérebro, e quando uma música chega lá, o cerebelo se sincroniza com ela.

O prazer que sentimos tem a ver com esse encontro: por um lado, gostamos de tentar prever os sons que se seguem, por outro, adoramos ser surpreendidos com mudanças que não esperávamos.

O cérebro tem prazer em tentar se sincronizar a cada momento.

A Arte dentro de nós

Por que será que a música e a dança se tornaram tão importantes na vida humana?

Julga-se que essas atividades surgiram para nos ajudar a transmitir conhecimento. Num tempo em que ainda não existia escrita, cantar e dançar poderiam ser boas soluções para memorizarmos coisas importantes. E, como talvez você já tenha sentido, tornaram-se essenciais também para nos sentirmos unidos nos bons e nos maus momentos, nos ajudando a espantar o medo dos predadores nas noites escuras ou reunindo forças para uma tarefa ou uma missão difícil — entoar uma canção em conjunto pode ajudar a coordenar movimentos, como acontece nas canções de trabalho agrícola, por exemplo.

Somos o que lemos (também)

As imagens do interior do cérebro enquanto lemos nos mostram como a leitura de obras literárias pode ser poderosa — porque, quando lemos, vivenciamos o que está escrito. E já sabemos que tudo o que vivenciamos nos transforma.

O que acontece no cérebro quando lemos a descrição de uma fuga ou o momento em que duas pessoas apaixonadas se beijam pela primeira vez? O nosso cérebro também foge? Também sente o prazer do beijo?

E a resposta é sim. Os cientistas descobriram, primeiro, que palavras relacionadas com ação (correr, saltar, beijar) acendiam as zonas do cérebro relacionadas à execução

dessa ação. Depois descobriram mais: que quando lemos um parágrafo relacionado com a ação manual (o manejo de uma espada, os movimentos de um maestro que rege uma orquestra, duas mãos que se tocam pela primeira vez), o cérebro responde como se fôssemos nós a viver o que está sendo lido.

Mas há mais exemplos igualmente espetaculares. Quando lemos palavras relacionadas a cheiros, por exemplo, "café", não são apenas as áreas da linguagem que se acendem, mas também aquelas ligadas ao olfato. Da mesma maneira, quando um texto ou poema usa as palavras em sentido figurado (com um significado que não é literal), por exemplo, "ela tem uma pele de veludo", o cérebro, de certo modo, sente a maciez daquela textura, e a prova é que as regiões ligadas ao tato ficam ativas.

DESAFIO

A poesia vai daqui para ali

Criar uma metáfora é transportar palavras de um lado para o outro e dar-lhes um significado novo. Ao usarmos as palavras livremente, conseguimos nos expressar melhor.

Escolha uma metáfora para descrever:

- O seu cabelo.
- O seu estado de espírito quando você está cansado.
- O que você sente pela tua irmã ou irmão, ou por um amigo.

SE VOCÊ QUER SABER MAIS

CÉREBROS DIFERENTES

Quando o cérebro funciona de forma diferente

Nesta rede complexa de trilhões de sinapses, nem tudo corre sempre com perfeição: pode acontecer de nascermos com um cérebro que trabalha de um modo que não é o mais comum ou, durante a nossa vida, sermos afetados por doenças ou acidentes que perturbem algumas funções cerebrais.

Há muitas descobertas e avanços nas neurociências que se deram precisamente ao observar esses cérebros diferentes. O lado menos bom é que, para essas pessoas, a adaptação ao mundo é muitas vezes difícil, pois a realidade é apreendida de uma forma única e, por causa disso, é comum que elas sejam de alguma forma excluídas ou enfrentem desvantagens na busca de suas realizações.

Na maior parte das vezes os problemas no cérebro não são visíveis para as outras pessoas (como são visíveis uma perna quebrada ou uma cicatriz). Com sorte, nem são problemas graves, são apenas diferenças na forma como a pessoa percebe o mundo à sua volta ou como reage ou pensa. Talvez você já tenha ouvido falar em dislexia ou hiperatividade, exemplos de como o cérebro pode funcionar de forma diferente do habitual. Talvez você até conheça colegas na sua escola ou na sua turma com essas características. Essas pessoas podem ter mais dificuldade em aprender determinados temas ou fazer determinadas brincadeiras, mas também podem ter outras capacidades que mais ninguém tem.

Como todas as pessoas, quem tem um cérebro diferente também gosta de fazer amigos, também gosta de compartilhar e de fazer parte de um jogo, de uma brincadeira ou de uma festa.

Sempre que pode, o cérebro dá seu máximo

Felizmente, os pesquisadores, médicos e terapeutas conseguem cada vez mais encontrar caminhos para tratar muitas doenças ou acidentes cerebrais. E também é verdade que, em alguns casos, os neurocirurgiões podem entrar em nossas cabeças e operá-las com muito, muito cuidado. Mas nem sempre é fácil tratar desses problemas e, na maioria das situações, não se pode estar aqui dentro para resolvê-los. Ainda por cima, todos os médicos e cientistas concordam que muitos dos problemas do cérebro permanecem um mistério.

Se você se lembra bem, é graças à capacidade plástica do cérebro (de fazer com que novos neurônios assumam o comando quando os anteriores já não conseguem), que por vezes funções perdidas num acidente ou por causa de uma doença podem ser recuperadas. No caso de pessoas que já nasceram com um cérebro diferente, é necessário tentar aproveitar todas as suas capacidades especiais.

Desafiamos você a compreender melhor esses cérebros.
Também desafiamos você a ajudar essas pessoas (e os seus cérebros) a chegar o mais longe possível.

Você consegue imaginar?

› **Cenário 1:** você acorda de manhã e se pergunta por que o despertador não tocou. Repara que está tudo silencioso, silencioso demais. Abre a porta do quarto e, na ausência de ruído, pensa que todos já saíram de casa. No entanto, quando você chega à cozinha, os seus pais estão sentados, conversando. Mas falta o som das palavras que dizem um ao outro. Você não consegue ouvi-las porque… você é surdo.

❯ **Cenário 2:** você sofreu uma queda feia, de cabeça. Você desmaiou. Quando acordou, avistou um cartaz na rua com a seguinte frase:

Pestanel in Majerbisos! Lum derfai!

Em que país você está? O que aconteceu? A verdade é que você está no mesmo lugar. É que o seu cérebro teve lesões na área que decodifica a linguagem e, por isso, você não consegue ler e decifrar o significado do texto. (P.S.: O texto do cartaz anuncia "Festival de Marionetes! Não perca!".)

❯ **Cenário 3:** você está na sala de aula. A luz que entra pelas janelas fere seus olhos. Seus colegas conversam entre si, mas para você tudo soa a gritos. Você não consegue acompanhar o que o professor diz, pois ele fala rápido demais e está pedindo muitas coisas ao mesmo tempo. Assim você não consegue se concentrar. Os seus sentidos ficam sobrecarregados com tanta informação. Você gostaria de dizer aos seus colegas que quer muito brincar com eles no recreio, mas não sabe bem como dizer isso... Você nasceu com uma perturbação do espectro do autismo e apreende o mundo de forma única.

Em qualquer um desses cenários — que representam situações reais vividas por muitas pessoas, e quem sabe a sua ou a de alguém próximo —, o cérebro funciona de forma diferente. Você consegue imaginar como será viver no dia a dia com essa diferença? Parece difícil, e muitas vezes é mesmo...

Por que é tão difícil?
(Será que tem de ser assim tão difícil?)

O cérebro da maioria das pessoas lhes dá as ferramentas ideais para sobreviverem e evoluírem. E, por isso, como sociedade, acabamos organizando quase tudo para essa maioria. Basta pensar em como alguns utensílios comuns, como as tesouras, não são fáceis de usar por canhotos, ou como é difícil para um daltônico interpretar as cores dos semáforos. Nessa realidade, a vida pode não ser fácil porque, frequentemente, estas pessoas:

- Têm mais dificuldade em aprender e fazer coisas que são simples para o resto das pessoas e, por isso, têm também um acesso mais difícil a muitas atividades (profissionais, de lazer, brincadeiras);
- São estigmatizadas, ou seja, neste caso são classificadas como "pessoas que não conseguem fazer as coisas direito", e são excluídas por não terem as mesmas capacidades que a maioria;
- Correm o risco de ser mais solitárias e ter menos amigos;
- São muitas vezes alvo de indiferença, desrespeito ou troça.

Tudo isso faz com que muitas pessoas com cérebros diferentes digam que é mais difícil suportar essa discriminação do que os próprios problemas cerebrais que elas têm. Não deveria ser assim!
Uma boa notícia: com tudo o que você leu neste livro sobre as emoções e sobre o que os nossos cérebros empáticos são capazes de fazer, você pode tentar mudar essa situação.

A realidade de um colega ou amigo com um cérebro diferente é uma oportunidade para você aprender, para decifrar um pouco o mundo dele. Ajude-o a decifrar o seu!

DESAFIO

É um problema ou é uma diferença?

Você já reparou como um filme no cinema é executado? O volume fica bastante alto, há múltiplos sons e cores sendo disparados permanentemente na sala e na tela e os diálogos passam a um ritmo acelerado. Para quem tem um cérebro diferente, ir ao cinema pode ser bem difícil.

Mas… será que essa dificuldade deve ser vista como um problema deles ou nosso? Não deveria haver escolha para quem é diferente? O que você acha que poderia ser alterado?

Não se afaste, dê tempo, ofereça ajuda

Há algum sabor de vitória em deixar para trás quem está em desvantagem? É claro que não. Uma sociedade que tem lugar para todos e que promove a diversidade é uma sociedade mais rica e evoluída, e também mais justa.

Aqui ficam algumas dicas para você conectar o seu cérebro a todos os que são especiais:

- Temos a tendência de desconfiar e nos afastar do que é desconhecido ou diferente. Isso faz com que pessoas com um cérebro diferente fiquem mais isoladas. Aproxime-se: vocês poderão compartilhar muitas coisas: sonhos, piadas, brincadeiras, uma comida favorita…
- Aguce os sentidos: as pessoas com cérebros diferentes nos desafiam a praticar uma percepção diferente. Mantenha-se sensível para descobrir a realidade do outro e aprenda com essa visão nova.
- Pense primeiro no que cada pessoa tem, e não no que falta a ela.

- Ofereça ajuda. É um sentimento recompensador saber que alguém pode contar com nosso apoio.
- Espere um pouco: dê a eles mais tempo para pensar, para responder, para agir.
- Pratique a tolerância. Nem sempre o comportamento de alguém com um cérebro diferente é o mais adequado, é apenas aquele que consegue ter.
- Nunca aceite ouvir uma piada ou um comentário — seja de outras crianças ou de adultos — zombando de pessoas com problemas cerebrais. Reaja e mostre que o que torna o ser humano especial é a solidariedade.

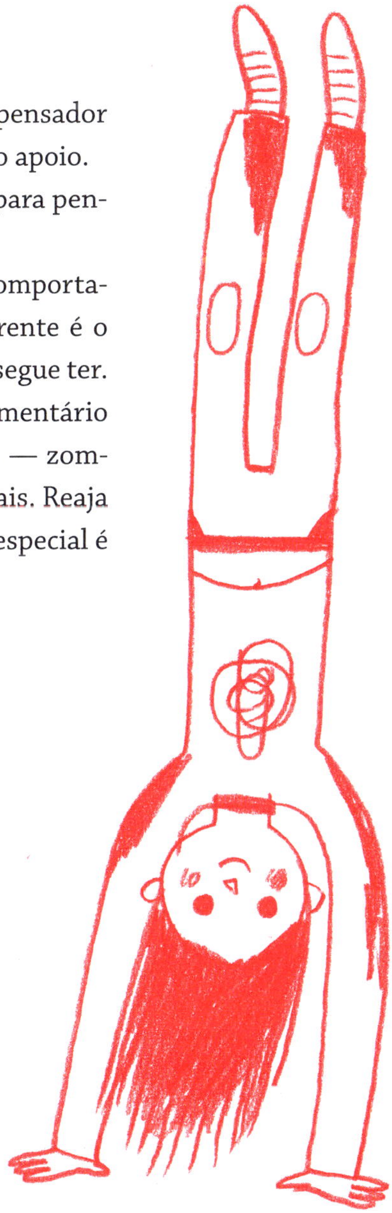

Como você gosta que te definam: por aquilo que você consegue fazer ou por aquilo que não consegue fazer bem?

BOA FORMA

Trate bem do seu cérebro, trate bem de você

Depois de tudo o que dissemos, talvez venha mesmo a calhar um resumo do que você pode fazer para dar energia, boa disposição e longa vida ao seu cérebro.

1. Alimente-se bem (em todos os níveis)

Escolha bem: natural, fresco, local, da estação

O que comemos e quanto comemos é fundamental para que o cérebro cresça e funcione plenamente. No entanto, nem sempre é fácil fazer as escolhas certas, não só por falta de tempo, como também pela influência do marketing que existe à volta dos alimentos.

Muitas vezes, porque são mais baratos e fáceis de preparar, podemos acabar escolhendo alimentos muito processados ou pré-cozidos que contêm muitos aditivos — substâncias que aumentam o tempo de conservação nas prateleiras, intensificam o sabor ou melhoram a aparência dos alimentos. Os efeitos dessas substâncias na saúde (corantes, conservantes, antioxidantes ou adoçantes) — em especial nas células do cérebro — continuam pouco claros, por isso, tente escolher alimentos e comidas que não os contenham.

BALAS, BATATAS FRITAS E A DOPAMINA

No longo caminho que os nossos antepassados fizeram, comer algo açucarado ou com gordura era raro. Por isso, sempre que havia essa oportunidade — fosse um favo de mel ou um naco de toucinho — a dopamina liberada gritava "que delícia!" por razões de sobrevivência, já que esses alimentos forneciam muita energia de forma rápida. Hoje, na nossa sociedade, é abundante a comida com muitas calorias, a preços acessíveis. E, com esse instinto antigo, nos arriscamos a comer mais do que o corpo precisa.
Uma ideia: reserve esse tipo de alimento para dias de festa.

"NHAM!", DIZ O CÉREBRO QUANDO VÊ

Os cientistas descobriram que as células cerebrais funcionam melhor e envelhecem mais tarde se preferirmos os seguintes tipos de alimentos:

- Peixes gordos (sardinha, cavala, salmão)
- Frutas (todas)
- Frutos secos e sementes
- Chocolate[13]
- Vegetais de folha verde e todos os outros
- Ovos
- Cereais
- Leguminosas

13) O chocolate amargo contém maior quantidade de substâncias que protegem as células de elementos tóxicos e aumenta a produção de dopamina, o neurotransmissor da motivação e do prazer. Para o chocolate fazer bem, não abuse na quantidade e escolha o mais amargo (com maior percentagem de cacau: consulte os rótulos).

Não sei, mas quero experimentar

Lembre-se de que o cérebro gosta de algumas novidades e mudanças.
Algumas ideias: aprender uma língua nova, provar a culinária de outros lugares, experimentar trajetos diferentes, conhecer pessoas, fazer caminhadas...
Você vai ver que é capaz de fazer coisas que nem imaginava!

… Pode não interessar, mas é útil

Muitas coisas que você aprende podem parecer não ter qualquer utilidade na sua vida (seja interpretar um poema ou calcular a área de uma figura geométrica). No entanto, o que no começo parece não servir para nada pode vir a ser importante. O aviso vem de um famoso astrofísico: Neil deGrasse Tyson lembra que, quando aprendemos algo novo, por exemplo em matemática, surgem novas ligações entre os neurônios, criando ferramentas (ou métodos) que ficam conosco para o futuro. Guarde essas ferramentas: vão ser valiosas!

2. Afine as emoções

Os abraços e mimos não precisam de introdução

Quando nos abraçamos, nos ligamos física e emocionalmente aos outros. Nesses momentos liberam-se neurotransmissores (dopamina, serotonina, endorfinas) que nos ajudam a relaxar e a ficar bem dispostos. Por isso, os abraços são para dar e receber sempre que der vontade.

Quem me ajuda a arrumar a casa?

Na bela torre fortificada que é nossa mente nem sempre está tudo calmo. Há momentos em que reina a tristeza ou a frustração, as emoções jogam às escondidas e temos dificuldade em pensar com clareza. E então não nos importaríamos de abaixar a ponte levadiça e deixar entrar um amigo que ajudasse a pôr ordem na nossa cabeça. Mesmo não sendo possível — não podemos nos esquecer de que a mente só é livre porque não é acessível —, há algo parecido, que consiste em conversar com alguém em quem você confie. Experimente! Às vezes, basta falar um pouco para nos ajudar a organizar as ideias.

É MUITO BOM (E IMPORTANTE) ESTAR COM AS PESSOAS DE QUEM GOSTAMOS

O que significa ter uma boa vida? Para responder a essa pergunta, médicos cientistas da Universidade de Harvard começaram, nos anos 1930, um estudo sobre a felicidade, que se tornou o mais ambicioso da história: há 75 anos (!) eles acompanham 268 pessoas, desde a juventude até a velhice, para perceber melhor o que é isso de ter uma "vida boa" ou "feliz". Concluíram que a riqueza e a fama não são fatores assim tão importantes. Os participantes que se sentem mais felizes são os que têm relações de amor e de amizade boas e duradouras.

Treine a resiliência

Numa árvore, resiliência significa manter as raízes firmes durante a passagem de um ciclone ou sobreviver a um fogo florestal. Ou seja, ter capacidade de resistir e de se recuperar. Essa capacidade também se aplica a nós.

Ao longo da nossa história nem sempre conseguimos evitar acontecimentos dolorosos ou obstáculos difíceis de ultrapassar. Mas podemos aprender a lidar com tudo isso e, se possível, até a retirar ensinamentos disso.

Treine a sua resiliência:

- Encare as tarefas difíceis como um desafio. Depois de conseguir resolvê-las, a vitória terá um sabor muito melhor.
- Treine a generosidade: sirva primeiro os outros à mesa, partilhe o pacote de bolachas. Com esses gestos de cortesia, você aprenderá a controlar os seus impulsos.
- Há coisas que queremos muito, mas que levam tempo para alcançar, sejam boas notas na escola (você precisa estudar mais) ou uma bicicleta nova. Pratique a paciência.
- Treine a sua independência. Prepare a sua roupa e a mochila para a escola, aprenda a andar sozinho de ônibus, comece a cozinhar.
- Quando algo preocupa você, fale sobre isso, peça ajuda, mesmo que pareça difícil explicar as emoções que está sentindo.
- Sem experimentar, não sabemos aquilo de que somos capazes. Arrisque (sem se colocar em risco).

3. Liberte-se

Cantando (e dançando)

Há um instrumento musical que te acompanha 24 horas por dia, desde que você nasceu: a voz! Cantar é uma atividade libertadora e relaxante, porque a vibração musical da voz libera os tais neurotransmissores do

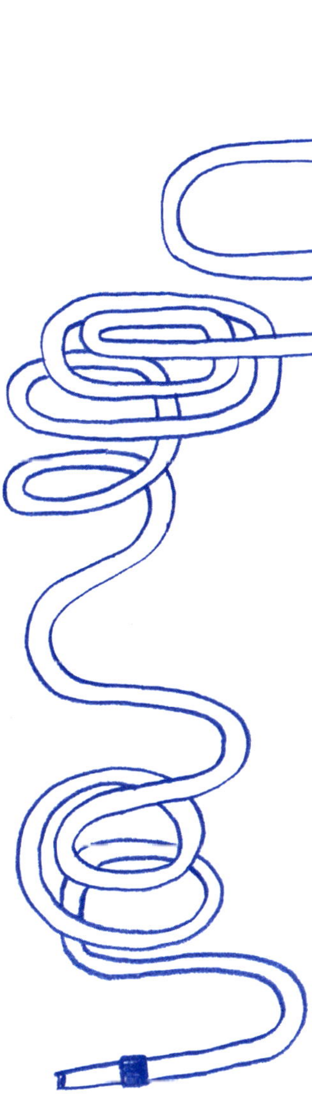

bem-estar. Cantar acompanhado, com os amigos ou num coro, provoca um efeito ainda melhor, de empatia e pertencimento. E com uma enorme vantagem: os estudos que se fizeram sobre esse assunto dizem que nem é preciso ser bom cantor.

Guarde no seu disco interno

Se a bateria do celular acabar e você estiver na rua, olhando para o último ônibus que passou, não seria bom saber de cor o número dos seus pais para ligar de outro telefone? E será que o seu sentido de orientação não fica mais aguçado se você procurar um endereço com base nas indicações de uma pessoa, do que de olhos pregados na tela do GPS? Algumas informações importantes devem estar na sua memória, e não apenas nos aparelhos de comunicação. Pode não parecer, mas você se torna mais livre se conseguir viver (sobreviver?) sem um exagero de tecnologia sempre à sua volta. Faça a experiência.

4. Exercite-se

Coloque-se em movimento!

O nosso cérebro foi feito para andar. E por andar não se entenda aqui ir do quarto à sala, ou atravessar a rua até chegar ao carro. O cérebro humano (com a ajuda das pernas, claro) está feito para andar quase 20 quilômetros por dia (!).

Ao caminharmos, pedalarmos, corrermos, nadarmos, o nosso coração envia mais oxigênio e alimento para o cérebro, aumentando a nossa concentração e capacidade de aprender. Ao mesmo tempo, o sangue trazido pelo exercício físico varre os eletros tóxicos que por ali ficaram, resultantes de químicos naturais ou artificiais contidos nos alimentos. É por isso que, no final, mesmo cansados e transpirados, ficamos mais calmos e bem-dispostos, como se tivéssemos dado uma boa chuveirada no cérebro.

Diga agora aos seus pais e avós que é muito importante que façam o mesmo: os cérebros que têm donos fisicamente mais ativos envelhecem mais tarde.

Tenha calma e vá para o campo

Há séculos que os poetas elogiam o poder da natureza sobre as emoções, mas muitos cientistas acreditam que esse poder é mesmo real. Vários estudos indicam que quando estamos próximos à natureza ficamos mais calmos e podemos até nos tornar mais criativos. Experimente calçar os sapatos e seguir por esse caminho.

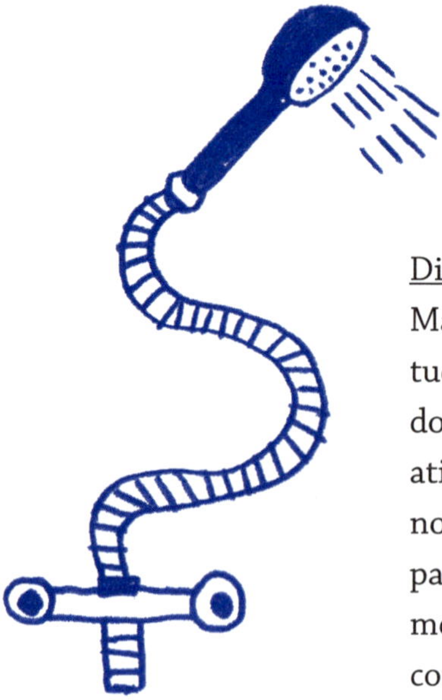

Diga "até já" ao ruído do mundo (e dos seus neurônios)
Mas como, se o cérebro não sabe ficar quieto, sempre lê tudo o que se passa à sua volta? Uma hipótese: ajudando-o a se acalmar através da meditação. Meditar é uma atividade que serve para olharmos para dentro de nós, nos concentrando no vaivém da nossa respiração. A palavra vem do latim, *meditare*, e significa, precisamente, "voltar a atenção para dentro de si", tomando consciência do corpo e dos pensamentos.

Há cientistas que dizem que meditar não é mais do que reduzir o "barulho" dos neurônios, o que é essencial para uma boa aprendizagem e memória. Portanto, chiuuuuu!

MEDITAÇÃO E PLASTICIDADE DO CÉREBRO

Para os cientistas, a meditação dá provas de que a consciência é uma ferramenta poderosa para modelar o modo como o cérebro funciona, alterando as ligações entre neurônios. Num estudo verificou-se que nas pessoas que faziam meditação há 25 anos o córtex pré-frontal era mais espesso (área do cérebro responsável pelo controle e pelo planejamento). Em outro estudo, foi também possível concluir que as pessoas que meditam, em geral, se concentram melhor do que as outras.

Exercitar o corpo e a mente ao mesmo tempo = ioga

Uma forma de exercitar o corpo e a mente de forma simultânea é praticar o ioga, uma palavra originária do sânscrito védico (antiga língua indiana) que significa "união" ou "ligação". Nesse caso, unir corpo e mente. Experimente!

O CÉREBRO DOS ANIMAIS

E os outros animais?

Será que os outros animais tomam decisões? Brincam? Cooperam? Resolvem quebra-cabeças? Que tipo de capacidades têm os cérebros deles? E podemos levar ainda mais longe essas perguntas: terão eles consciência de si mesmos?

Estaremos mesmo no topo?

Durante muitos anos, o estudo da cognição animal (o que os animais sabem, o que conseguem aprender) teve por base a ideia de que existe uma espécie de escala de inteligência,[14] em que os humanos estariam no topo e as diferentes espécies de animais iriam ocupando sucessivamente os lugares abaixo do nosso. Uma espécie de "somos os maiores!". Nos últimos tempos, porém, muitos cientistas têm estado de olho na questão de outra maneira, e preferem dizer que os animais podem ter diferentes tipos de processos cognitivos, de acordo com a adaptação pela qual passaram na luta pela sobrevivência. Ou seja, para esses pesquisadores não existe uma hierarquia, com "melhores" e "piores", e sim animais com diferentes capacidades (por exemplo, as aves fazem grandes migrações anuais e têm formas incríveis de se orientar no espaço).

14) Essa escala chama-se *scala naturae* e remonta à Antiguidade.

Já sabemos que os primatas, sobretudo os chimpanzés, têm capacidades mais parecidas com as nossas. Entre as outras famílias de animais, destacam-se os golfinhos (entre os mamíferos), os papagaios e os corvos (entre as aves) e o polvo (entre os moluscos).

Seremos nós, humanos, seres assim tão extraordinários?
Claro que sim e claro que não.
Todos os outros animais, cada espécie à sua maneira,
são igualmente únicos e especiais.

Digam lá se eles não são extraordinários?

Ratos empáticos

Sabia que não é só nos filmes de animação que os ratos podem liberar um "amigo" preso numa ratoeira, em troca de nada? Esse comportamento mostrou aos cientistas como a empatia não é apenas uma característica humana.

O que leva um rato a ter essa atitude pode ser o mesmo que nos leva a ajudar um amigo: percebemos o que é estar em determinada situação e agimos de maneira a nos sentirmos mais unidos e protegidos como grupo.

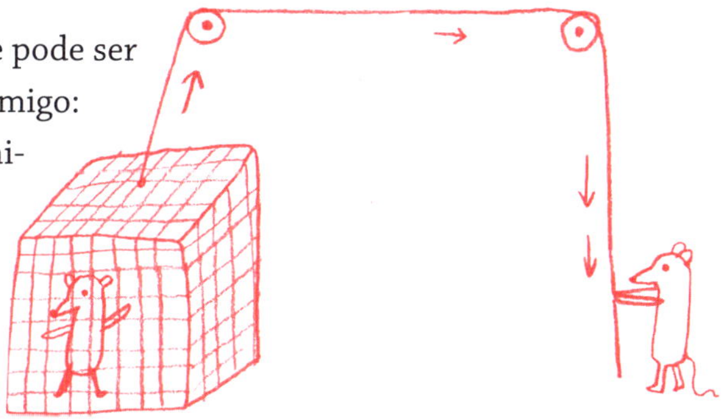

Formigas sociais

Apesar de terem um cérebro muito pequeno em comparação ao seu corpo, as formigas são seres extremamente sociais. Cada formiga tem uma função no formigueiro: uma põe ovos, outra cuida das larvas, outras alimentam a rainha, outras recolhem comida, algumas defendem a casa. Ainda mais incrível é o fato de as formigas poderem assumir outras funções, por exemplo, quando há ameaças no formigueiro!

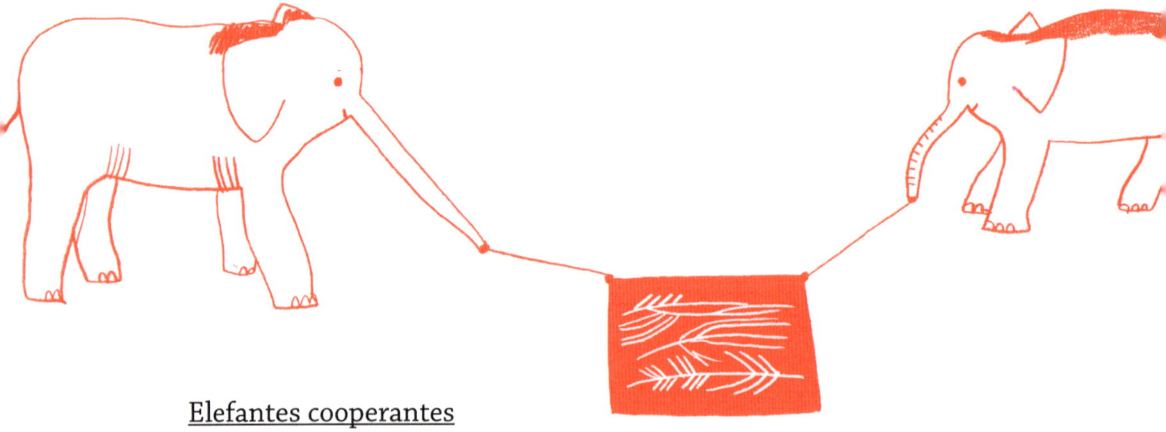

Elefantes cooperantes

Elefantes asiáticos também cooperam entre si. Nessa experiência, dois elefantes tentaram trazer até eles um tabuleiro de comida. Cada um puxou uma corda, mas a experiência estava montada para que o tabuleiro se movesse apenas na direção certa se as duas cordas fossem puxadas ao mesmo tempo. Logo que perceberam que só seriam bem-sucedidos com trabalho em equipe, os elefantes aprenderam a esperar pelo companheiro para puxarem as cordas juntos.

Corvos habilidosos

Durante muito tempo, pensou-se que apenas os humanos e os chimpanzés partilhavam a proeza de construir ferramentas. Mas os corvos da Nova Caledônia surpreenderam os cientistas: não só são capazes de construir ferramentas, como as aperfeiçoam e as transportam consigo para as usar várias vezes. Utilizando apenas o bico, esses corvos constroem pauzinhos com uma terminação de ferro que lhes permite pescar larvas e insetos dentro de troncos.

Ratos brincalhões

Um cientista chamado Jaak Panksepp, conhecido por estudar a brincadeira e também por fazer cócegas em ratos, percebeu que, assim como comer ou dormir, brincar faz parte das necessidades vitais de muitos animais. E por que brincar é tão importante? Porque nos permite treinar a vida em sociedade. Como a gente, também os ratinhos que têm mais oportunidades para brincar são os que se tornam mais sociáveis e resilientes no futuro.

Aves compositoras

Quando nascem, as aves herdam uma espécie de banda sonora. E, até certa altura da vida, aprendem a cantar como qualquer ave da sua espécie, escutando atentamente e praticando com os pais e outros "professores". Porém, há aves que vão mais longe e são capazes de inventar um vasto repertório de melodias, improvisando não só a partir dos cantos da sua espécie, como dos cantos de outras espécies e até de sons humanos que conseguem imitar. Você nem vai acreditar: certas espécies da família mimidae têm um reportório de mais de mil melodias!

O tamanho não diz tudo

Colocando os cérebros na balança, o que podemos concluir?

O cachalote tem o maior cérebro do planeta: cinco vezes mais pesado do que o cérebro humano e com um volume próximo ao de uma grande e bela abóbora!

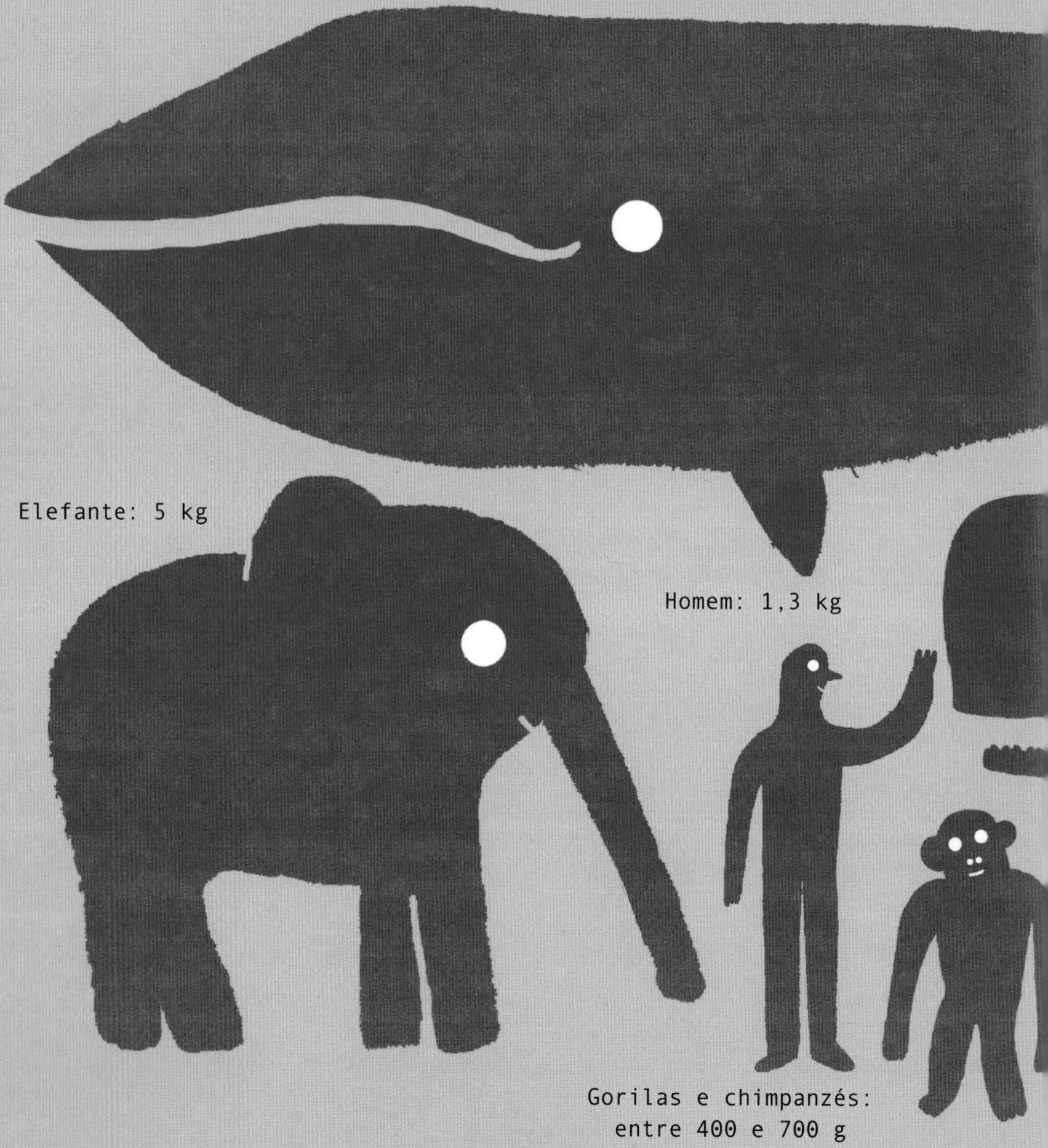

Nota: Pesos médios

Mas será que o peso do cérebro pode dizer alguma coisa sobre suas capacidades?

Sim e não. Sabe-se que o tamanho do cérebro de um animal está relacionado com o tamanho do seu corpo — ou seja, animais maiores têm geralmente cérebros maiores. No entanto, proporcionalmente falando, os animais pequenos têm cérebros maiores do que os grandes animais. Por exemplo, os ratos têm uma relação corpo/cérebro muito próxima à dos humanos (1/40), enquanto nos elefantes, apesar de serem considerados animais inteligentes, a relação corpo/cérebro é muito menor (1/560). Por isso, continuamos sem poder tirar grandes conclusões.

Os animais com cérebros maiores não são necessariamente os que têm mais neurônios. Há, no entanto, um aspecto sobre o qual os cientistas estão quase todos de acordo: quanto maior é o cérebro de um animal em relação ao seu corpo, maior o número de ligações entre neurônios disponíveis para fazer tarefas mais complexas.

O tipo de alimentação dita o tamanho (ou será o tamanho que dita o tipo de alimentação?)

O cérebro gasta muita energia para trabalhar. Já vimos lá atrás que, no nosso caso, ele precisa de um quinto da energia dos alimentos que consumimos! É por isso que os animais com dietas mais pobres, que só comem insetos ou plantas, têm menos energia à sua disposição para alimentar um cérebro mais exigente; enquanto os que têm uma alimentação mais rica (fruta, peixe etc.) dispõem de mais energia para sustentar um cérebro mais poderoso.

Nesse assunto, como em tantos outros, existe aquela questão de "quem nasceu primeiro: o ovo ou a galinha?": os animais que precisam comer carne desenvolvem estratégias para caçar ou pescar, e essas estratégias também fazem com que os cérebros deles sejam mais desenvolvidos; animais que apenas pastam não precisam de um cérebro tão complexo.
(Já desenvolvemos esse tema no primeiro capítulo.)

Os animais sociais marcam pontos!

Há ainda um outro fator que contribui para o desenvolvimento do cérebro: a socialização e o tamanho do grupo em que um animal está inserido (alcateia, bando, rebanho...). Ou seja, o contato que um animal tem com os seus pares, as relações e o grau de comunicação que estabelece. Para você entender melhor, animais como os golfinhos ou as orcas, que vivem em grandes grupos, têm capacidades mentais mais complexas do que animais mais solitários, como os gatos.

Essas relações podem existir entre animais da mesma espécie, como também entre espécies diferentes. Não sabemos se os animais têm amigos como nós humanos temos, mas, dentro da sua espécie, têm pais e filhos, companheiros com quem acasalam, companheiros com quem cooperam para caçar. Até fora da sua espécie, mantêm também relações, por exemplo, com animais que são seus predadores, com animais com quem cooperam para benefício mútuo (por exemplo, os pássaros que comem os parasitas dos gnus) e até com animais com quem competem (por água, território ou comida).

Um papagaio chamado Alex e outras histórias

Nos hábitats naturais ou em laboratórios, os cientistas que estudam o comportamento dos animais têm passado muito tempo espreitando e desafiando primatas, cetáceos, aves, peixes, formigas, abelhas...

Nos seus estudos, observam como os animais resolvem diferentes tipos de problema e procuram tirar conclusões, por exemplo, sobre as capacidades de atenção e memória que revelam ou sobre suas aptidões para se orientar no espaço ou usar ferramentas. Você já deve ter visto alguns desses trabalhos em documentários que mostram animais tentando sair de labirintos, animais aprendendo a distinguir objetos, ou a se ver no espelho.

Esta última experiência — colocar um espelho em frente a um animal para ver como ele reage — está relacionada com o estudo da consciência de si próprio nos animais ("eu sei que existo!"). Esse estudo não é consensual (muitos cientistas acham inconclusivo), mas não deixa de ser muito interessante (veja quadro na página 305).

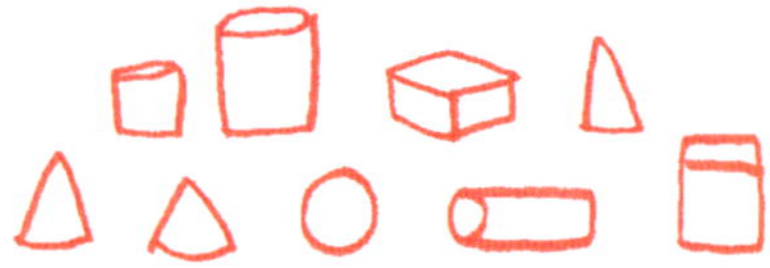

Campeão entre as aves: o papagaio

Durante muito tempo pensou-se que só animais com cérebros mais complexos (como os primatas) poderiam aprender palavras. Mas uma cientista chamada Irene Pepperberg, que estudou durante 30 anos um papagaio-cinzento africano chamado Alex, mostrou como, em certas tarefas, os papagaios têm um desenvolvimento parecido com o de uma criança pequena e são capazes de distinguir cores, objetos, formas e aprender cerca de 100 palavras.

Alex tornou-se um papagaio famoso por ter sido o primeiro a provar essas habilidades, e, depois dele, experiências com muitos outros papagaios confirmaram essas conclusões.

O caso (muito especial) dos elefantes

Entre todos os animais terrestres, os elefantes estão entre aqueles que têm mais córtex cerebral disponível. Discute-se muitas vezes se serão tão inteligentes como os chimpanzés ou os golfinhos. Uma coisa é certa: são parecidos com os humanos em muitos aspectos!

Assim como nós, eles têm um período de gestação longo (22 meses) e precisam de cuidados durante os anos iniciais da vida; assim como nós, aprendem durante muito tempo até serem autônomos (cerca de dez anos), o que demonstra bem a sua capacidade de aprendizagem e como seu cérebro está preparado para ela; e assim como nós, também criam laços emocionais entre si e mostram ser empáticos.

A etóloga Cynthia Moss, que estuda um grupo de elefantes africanos há mais de 40 anos, relatou vários episódios de elefantes magoados ou doentes que foram ajudados por outros elementos do grupo.

EXISTIRÁ A CONSCIÊNCIA ENTRE ANIMAIS NÃO HUMANOS?

Nesse aspecto os cientistas não estão todos de acordo.
Nos anos 1980 foram publicados os primeiros estudos, muito criticados, sobre a consciência dos animais. Mais recentemente, em 2012, numa conferência na Universidade de Cambridge, um grupo de cientistas reconhecidos internacionalmente publicou uma declaração importante, admitindo, pela primeira vez, a possibilidade de animais não humanos terem consciência (apesar de não ser muito claro o que é que esse grupo de pesquisadores entende por "consciência"). Entre esses animais estão listados todos os mamíferos, algumas aves e outros animais, como o polvo.

FATOS E MITOS

VERDADEIRO OU FALSO?

(Capítulo dedicado a algumas ideias confusas, erradas ou pouco claras que circulam por aí.)

TEORIA N.º 1

O cérebro das moças é diferente do cérebro dos rapazes.

(VERDADEIRO, mas...)

Já vimos que o tamanho do cérebro não prova tudo, mas o fato de o cérebro masculino ser maior e mais pesado (cerca de 12%) do que o feminino serviu, durante muito tempo, como prova científica para impor a superioridade dos homens em relação às mulheres (claro que isso acontece porque os homens também são quase sempre mais altos e mais pesados do que as mulheres).

Felizmente, essa ideia é hoje considerada totalmente disparatada. Até porque o cérebro masculino pode ser maior, mas o feminino tem um maior número de dendrites (as ligações que permitem transmitir mensagens entre neurônios). Portanto, poderíamos perguntar, o que tem mais força: o tamanho ou o número de dendrites? Nem vale a pena entrar nessa discussão...

Mas os cérebros masculinos e femininos são exatamente iguais?

Depois da fase em que se considerou o cérebro masculino superior ao feminino, passamos pela fase de ignorar as diferenças. No entanto, os cientistas perceberam que certos medicamentos (com ação no cérebro) têm efeitos distintos em homens e mulheres e também que algumas doenças cerebrais afetam mais os homens e outras mais as mulheres. Os neurocientistas debruçaram-se de novo sobre as imagens e concluíram que há algumas diferenças anatômicas no cérebro, sobretudo no hipotálamo, a área que gere os comportamentos ligados à reprodução e à ansiedade, que é maior nas mulheres; mas também no hipocampo (especializado em memória) e na amígdala (emoções). Sabe-se, por exemplo, que o hipotálamo feminino maior está relacionado com os ciclos de ovulação, mas o significado dessas diferenças continua a ser estudado e debatido.

ERA UMA VEZ… (A DIFERENÇA ESTÁ TODA AQUI)

Os cientistas continuam intrigados (e nós também), por isso prosseguem as experiências para entender porque somos, em alguns aspectos, assim tão diferentes. Em relação, por exemplo, à memória, foi feito um estudo engraçado: homens e mulheres assistiram a um filme dramático, daqueles com muitas emoções à flor da pele. Uma semana depois pediram a uns e outros (ou outras) que contassem o que tinham visto: os resultados revelaram que os homens têm mais facilidade em memorizar a essência do que aconteceu (a linha condutora da história), enquanto as mulheres tendem a fixar muito mais os detalhes do enredo. Você já tinha percebido isso?

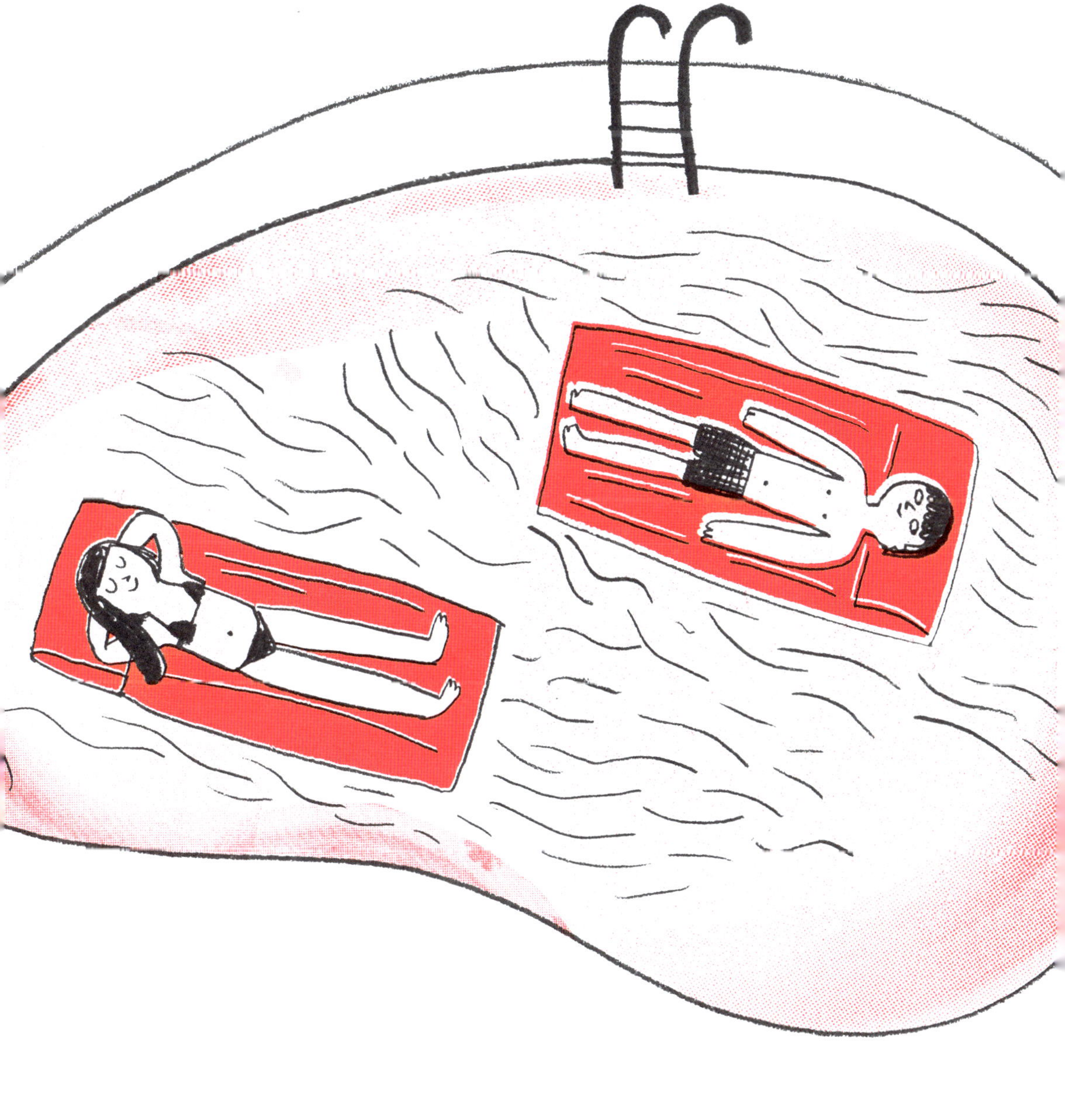

Era uma vez

Observe estas imagens. Depois feche o livro e tente recontar a história com os elementos de que você se lembra. Se você é menina, peça a um menino que faça o mesmo; se é menino, peça a uma menina que faça o mesmo. (Cada um deve contar a história à sua maneira, sem se deixar influenciar.) O que você conclui? Estará essa diferença relacionada com o fato de um ser menino e outro ser menina? Você pode repetir a experiência com mais meninos e meninas.

DESAFIO

TEORIA N.º 2
O cérebro não consegue criar novas células.
(FALSO)

Não é verdade. O nosso cérebro está sempre criando células novas e é um órgão plástico, ou seja, constrói-se à medida das nossas necessidades e em função daquilo que fazemos mais frequentemente.
É certo que a grande maioria dos neurônios é criada antes de nascermos (você pode ler mais sobre o assunto no capítulo "Crescimento"); no entanto, mesmo quando somos adultos, o nosso cérebro tem capacidade de criar neurônios, sobretudo na região do hipocampo (especialista em memórias). Os cientistas chegaram mesmo a verificar o desenvolvimento de células novas em algumas pessoas idosas! Essas células novas também estabelecem novas ligações com neurônios localizados em outras regiões.

TEORIA N.º 3
Só usamos 10% do cérebro.
(COMPLETAMENTE FALSO!)

Dizer que usamos apenas 10% do cérebro (às vezes chega-se a dizer 5%) pode ser ótimo para vender produtos que, supostamente, melhoram a nossa capacidade cerebral. E talvez seja por isso que esse mito se tornou tão popular.

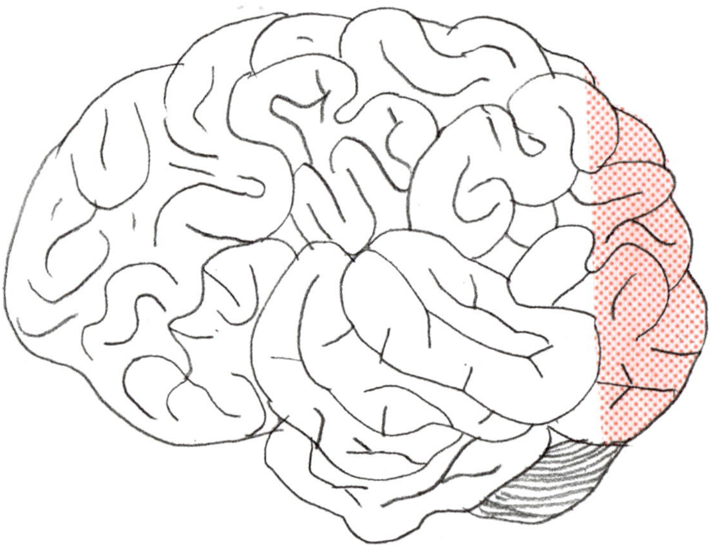

Hoje ninguém tem dúvidas de que todas as regiões do cérebro são importantes e são usadas. E a prova é que quando os neurocirurgiões têm de fazer uma operação, mesmo que em uma pequeníssima área do cérebro, fazem com extrema precisão para não afetar funções essenciais. Basta também pensar que o cérebro tem zonas sempre ativas dedicadas às funções vitais (respiração, circulação sanguínea) e às funções sensoriais (ouvir, ver, cheirar etc.).

Se a história dos 10% fosse verdadeira, isso significaria que temos poderes que não usamos. Se fosse verdadeira, significaria também que se nos tirassem uma fatia de 90% do nosso cérebro tudo continuaria na mesma.

Mas há ainda um outro argumento de peso: você já sabe que o cérebro elimina tudo o que não é usado. Sendo assim, porque haveria de manter 90% dos seus neurônios, axônios e dendrites? Não é costume os cientistas encontrarem neurônios tirando uma soneca sem fazer nada o dia todo… Por isso, sempre que você ouvir falar nesse mito, esclareça e explique que ele seria impossível.

TEORIA N.º 4
A internet e os computadores estão nos tornando mais estúpidos.
(DEPENDE)

Hoje as pessoas usam a internet de maneiras diferentes e por períodos de tempo variados (algumas passam horas jogando; outras passam apenas alguns minutos consultando *e-mails*).

Depois é preciso ter em conta a idade dos internautas: segundo alguns estudos, é preciso evitar o uso de *smartphones* e *tablets*, sobretudo em idade pré-escolar, porque o cérebro precisa aprender a imaginar, isto é, a construir as suas próprias imagens e, para isso, não há nada melhor do que manipular os objetos que existem à sua volta (fora da tela, claro). Por outro lado, há pesquisas que dizem que os estudantes do ensino superior que jogam jogos de estratégia *on-line* podem tirar daí benefícios, como tornar-se mais rápidos no reconhecimento de imagens ou planejar os vários passos a seguir para realizar uma tarefa com maior facilidade e eficácia.

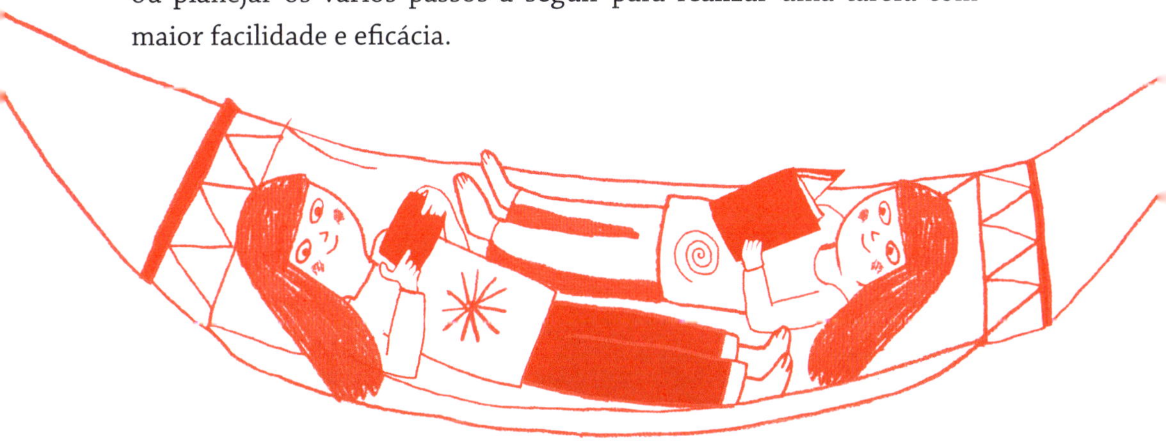

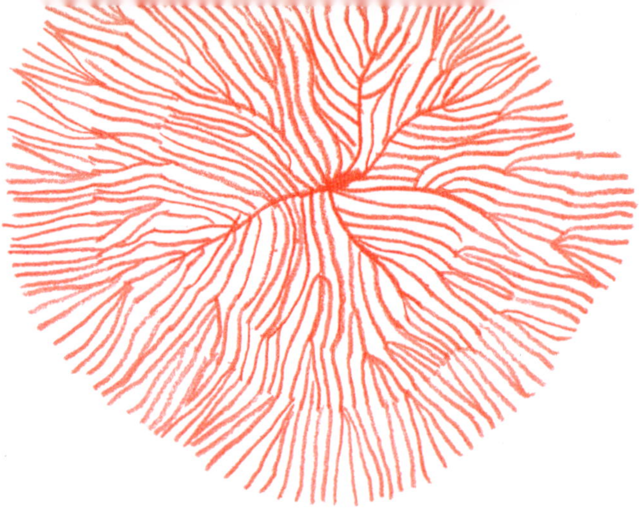

Ou seja, a resposta é mesmo "depende": depende da idade, do tempo, das tarefas... O que não há dúvida é que uma mudança está mesmo acontecendo: enquanto as novas tecnologias facilitam uma série de tarefas, ao mesmo tempo nos tornam mais dependentes de aplicações para vivermos a nossa vida (é claro que quem já viveu sem *smartphone* consegue perceber essa dependência com mais clareza).

Usamos GPS para nos orientarmos, a memória do celular para guardarmos números de telefone, *sites* de busca para encontrarmos tudo e mais alguma coisa, e assim podemos perder alguma autonomia.

O QUE ESTÁ MUDANDO NO CÉREBRO?

O mundo digital está fazendo com que, dentro da nossa cabeça, usemos mais o tipo de memória de transição — a memória que nos permite armazenar mais informação em menos espaço, mas que não nos permite ter no cérebro a informação real e total. Por exemplo, quando lemos uma notícia, em vez de a lermos na totalidade, retemos apenas três ou quatro ideias-chave que nos ajudam depois a buscá-la (na memória do computador ou na internet). Há quem chame a atenção para o fato de ser importante fazermos leituras mais completas e aprofundadas, para o cérebro ser capaz de realizar raciocínios mais complexos.

TEORIA N.º 5

As pessoas canhotas são desajeitadas porque usam apenas o lado esquerdo do cérebro.

(COMPLETAMENTE FALSO!)

Durante muito tempo, os canhotos foram malvistos pela sociedade e forçados a se tornar destros. Essa má fama pode ter começado porque muitos dos utensílios que usamos (ferramentas, tesouras) estão construídos para quem usa mais a mão direita, o que deve ter trazido alguns problemas de adaptação a quem tem a mão esquerda dominante.

Em cada cem pessoas, cerca de dez são canhotas. Os vestígios arqueológicos provam que essa proporção é assim há mais de 500 mil anos.

Não se sabe se apenas por essa razão, mas a verdade é que, para muitas culturas e durante muitos séculos, o lado esquerdo foi visto como imperfeito. Se olharmos para a origem das palavras, podemos comprovar como a discriminação era séria: em muitas línguas europeias, "direito" é também sinônimo de "correto" ou "certo" (*right*, em inglês; *droite*, em francês); e "esquerdo" (*left*, em inglês; *sinistra* em italiano; *links* em alemão) significa o oposto: "desajeitado", "trapalhão" ou "azarado". Ainda hoje, quando queremos que qualquer coisa corra bem, dizemos "entre com o pé direito!".

POR QUE UNS SÃO CANHOTOS E OUTROS NÃO?

Os cientistas sabem que ser canhoto pode ser hereditário: se um dos pais é canhoto, a probabilidade de o filho ser canhoto aumenta; se ambos os pais são canhotos, a probabilidade é ainda maior. Mesmo assim, não fica tudo explicado, e é provável que ser canhoto seja o resultado de vários fatores: genes, acaso e o ambiente que nos rodeia.

Hoje, felizmente, respeita-se cada vez mais quem nasce com uma mão esquerda dominante. Mesmo assim, ainda se ouvem alguns disparates por aí, como o que diz que os canhotos usam apenas o lado esquerdo do cérebro. Uma ideia duplamente errada (você já vai perceber a razão).

O que acontece no cérebro de um canhoto?

Para explicar isso, temos de ir buscar um conceito que se chama "lateralidade", o nome que se dá à nossa tendência para usar mais um lado do corpo (mão, pé, olho). E de onde virá essa tendência? Do cérebro, claro. Pediu-se a pessoas destras e canhotas que imaginassem estar realizando tarefas comuns, como escrever ou atirar uma bola. Nos canhotos, ativaram-se as áreas no lado direito do cérebro; nos destros, acenderam-se as áreas do lado esquerdo. Por quê? Porque no córtex motor existe comunicação cruzada, ou seja, é o hemisfério direito que dá ordens ao lado esquerdo do corpo e vice-versa. Se você quer coçar a cabeça usando a mão direita, a ordem é enviada pelo córtex motor do lado esquerdo para os músculos da mão direita. Este cruzamento também é válido para os olhos, os ouvidos e os músculos implicados na fala.

Mas não é apenas a arrumação esquerda/direita que é diferente nos canhotos. Sabe-se que os canhotos têm "menos" lateralização que os destros, ou seja, usam mais o lado (direito) do cérebro, mas usam também mais áreas dos dois hemisférios simultaneamente. Por isso, dizer que os canhotos são desajeitados é falso. Dizer que usam apenas o lado esquerdo do cérebro é totalmente errado (usam mais o direito e mais os dois hemisférios ao mesmo tempo). E dizer que são desajeitados pela razão (errada) anterior só pode ser um duplo disparate!

AS VANTAGENS DE SER CANHOTO

O fato de existirem canhotos ao longo da evolução humana só prova que essa condição tem suas vantagens. Pensa-se que, assim como ser canhoto pode nos fazer marcar pontos em alguns esportes do tipo um-contra-um (como o tênis ou a esgrima), também pode ter ajudado em época de batalhas. O fator surpresa é a explicação: quem está habituado a lutar ou jogar com destros, não conta com certos golpes e movimentos dos canhotos! Os genes foram assim passando ao longo da evolução. Mas por que os canhotos não se tornaram dominantes? Porque a partir do momento em que começa a haver muitos, lutar ou jogar à esquerda deixa de ser uma vantagem e o seu número regride.

HISTÓRIA

História do conhecimento do cérebro

Já faz muitos séculos que cientistas e filósofos dão voltas ao cérebro tentando perceber as voltas que o cérebro dá. Mas compreender esse órgão não é tarefa fácil, e é muito provável que daqui a alguns anos, quando se escrever a História do tempo em que vivemos hoje, algumas das nossas teorias possam soar ultrapassadas, incompletas, estranhas e até cômicas. Mas toda a procura é positiva e, muitas vezes, só cometendo erros e falhando é que se chega cada vez mais perto da verdade.

Como em muitas outras áreas da Ciência, também no caso do cérebro, a aquisição de conhecimento foi lenta e com muitos avanços e recuos.

No Egito Antigo, um papiro já dizia "cérebro" com todas as letras[15]

O Egito Antigo foi a primeira civilização a usar a palavra "cérebro" e a descrever o líquido da medula espinal e as meninges (as camadas que revestem e protegem o cérebro). Soubemos disso através da descoberta de um papiro que remonta a 1700 a.C.. O papiro teria sido escrito por um médico-cirurgião egípcio que, por sua vez, teria se baseado em textos ainda mais antigos.

Esse é o primeiro documento médico da história da humanidade a descrever casos que envolveram o cérebro — grande parte deles sobre ferimentos de guerra ou quedas de trabalhadores — e que relacionam determinadas regiões do órgão com funções do corpo humano (andar, falar, ver).

Apesar das descrições desse papiro, o cérebro não era um órgão tão considerado no Antigo Egito como o coração, que os egípcios mantinham cuidadosamente junto dos corpos mumificados e ao qual atribuíam a nossa inteligência.

Ao contrário de outros órgãos, que eram preservados para poderem ser usados numa "outra vida", o cérebro era retirado do corpo durante o processo de mumificação

15) Todos os hieróglifos.

e deixado de lado. Pensava-se que serviria apenas para fixar o couro cabeludo e, portanto, não seria nada de tão fundamental no além.

Na Grécia, o coração no centro de tudo

ARISTÓTELES

O mesmo se passou na Grécia Antiga, onde muitos sábios continuaram a acreditar que o órgão que regula os nossos pensamentos e emoções seria o coração. Uma evidência parecia prová-lo: quando estamos nervosos ou apaixonados, o coração, de fato, bate muito mais depressa. Entre esses sábios encontrava-se o grande Aristóteles, que considerava o cérebro apenas uma peça de um sistema de refrigeração que serviria para nos arrefecer as ideias e o coração fogoso. Como tantos outros nas épocas que se seguiram, Aristóteles acreditava que o fluido que sai pelo nariz quando estamos constipados (!) correspondia ao líquido cerebral responsável por esse arrefecimento.

Houve, porém, duas exceções importantes na Grécia Antiga: o sábio Alcmeão de Crotona foi quem ligou, pela primeira vez, os sentidos e o pensamento ao cérebro, sendo considerado o primeiro neurocientista da História; já o médico Hipócrates se interessou pelo estudo da epilepsia, relacionando-a com o cérebro, e não com os maus espíritos.

Em Alexandria, o conhecimento galopa

No século III a.C., Alexandria era o maior centro do conhecimento do mundo antigo. A cidade atraía estudiosos de todas as nacionalidades, porque nela existia um enorme centro de pesquisa constituído por hospitais, escolas e a famosa biblioteca da cidade, onde centenas de pessoas se dedicavam a trabalhos de investigação.

Foi aí que os médicos Herófilo e Erasístrato se dedicaram ao estudo do cérebro e o descreveram pela primeira vez, incluindo os seus ventrículos,[16] não tendo dúvidas em atribuir-lhe um papel nos nossos movimentos, sensações e pensamentos. Para uma tão completa descrição, muito terão contribuído as dissecações de corpos humanos que esses médicos puderam realizar e que, ao contrário do que aconteceu em épocas seguintes, eram permitidas em Alexandria.

16) Cavidades cerebrais que se comunicam entre si e por onde circula o líquido cefalorraquidiano, que hoje sabemos ser uma espécie de almofada amortecedora que protege o córtex e a medula de impactos.

GALENO de PÉRGAMO

Em Roma, o cérebro de Galeno a serviço do cérebro

Outro praticante da dissecação como método de pesquisa — mas, neste caso, de cães, porcos e, sobretudo, macacos — foi Galeno, médico da cidade de Pérgamo. Galeno descobriu que todos os movimentos dos músculos são controlados pelo cérebro, e defendeu igualmente que as nossas sensações não dependem apenas dos órgãos dos sentidos, mas também de zonas do cérebro a elas dedicadas. Galeno provava tudo isso demonstrando que quando há danos em certas regiões do cérebro, mesmo que os órgãos fiquem intactos (ouvidos, olhos etc.), as nossas sensações são afetadas.

Essas foram grandes contribuições para a ciência, mas, como costuma acontecer com cientistas que arriscam, Galeno também defendeu uma teoria que reinou durante séculos e que hoje sabemos não fazer sentido: não deu qualquer valor à massa cinzenta onde estão os neurônios, atribuindo uma grande importância aos ventrículos onde circula o líquido cefalorraquidiano. Segundo ele, seria aí que a imaginação, a memória e a razão aconteciam.

Na Idade Média, a neurociência adormecida

Depois da morte de Galeno (199 d.C.), foi preciso esperar até o Renascimento (século XV) para que o conhecimento progredisse. Nesse meio tempo, houve apenas pequenissimos avanços. Um deles foi encarar o cérebro como um sistema que, à semelhança do que acontece na digestão, funciona por etapas: no caso da digestão, os alimentos são transformados ao longo do percurso que fazem dentro do nosso corpo; no caso do cérebro, os dados dos sentidos seriam transformados em imagens num primeiro compartimento, aquecidos num segundo, para, finalmente, serem transformados em pensamentos. Claro que esse sistema hoje nos soa engraçado, mas não deixa de estar mais próximo daquilo que hoje sabemos sobre o funcionamento do cérebro.

No Renascimento, Vesalius à procura da verdade

Assim como Galeno, mas uns bons séculos depois, <u>Andreas Vesalius de Pádua</u> também dissecou muitos corpos — desta vez cadáveres humanos. E é claro que o fato de a

dissecação ser feita em humanos, e não em animais, fez toda a diferença. Porém, ainda não foi com Vesalius que os sábios começaram a prestar atenção no córtex.

Archiangelo Piccolomini, professor de anatomia em Roma, deu um passo importante ao distinguir a matéria cinzenta do córtex da matéria branca: chamou a matéria cinzenta de "cerebrum", e a matéria branca "medula" (sabe-se hoje que a matéria branca é a mielina). Mas, até ao século XIX, continuaram a se usar os termos "córtex" ou "casca" (córtex, em latim, significa isso mesmo), o que demonstra bem a pouca importância dada então a esta zona. Uma casca é apenas uma casca.

Finalmente alguém olha para o córtex!

Até o século XIX, poucos se atreveram a atribuir ao córtex funções mentais. Uma das únicas exceções foi Thomas Willis, professor em Oxford que, no século XVII, responsabilizou o córtex pela nossa vontade e memória. Infelizmente, nos anos que se seguiram, as suas teorias foram quase esquecidas.

Nos 150 anos que se seguiram, o córtex continuou a ser desenhado como um emaranhado de tubos enrolados, com curvas e contracurvas muito próximas às do intestino delgado, um lugar onde pouco ou nada acontecia.

A eletricidade, o microscópio (e muitos cérebros) dão novas contribuições

No século XVIII, a eletricidade entra finalmente na história do cérebro. Foi um cientista italiano chamado Luigi Galvani quem, através de experiências com pernas de rã, observou pela primeira vez como as correntes elétricas atravessam os corpos e podem movimentar músculos. Daí até se perceber que o nosso corpo funciona com impulsos elétricos foram apenas mais alguns passos.

LUIGI GALVANI

CAMILLO GOLGI

Muitos outros nomes deram contribuições para a história do conhecimento do cérebro: Charles Darwin, com a sua Teoria da Origem das Espécies; Paul Broca, que descobriu existir no cérebro uma área ligada à linguagem (e que ainda hoje tem o nome dele); Otto F. K. Deiters, o cientista alemão que descreveu pela primeira vez os componentes de um neurônio; Camillo Golgi, inventor de um método chamado Reazione Nera (Reação Negra), que permitiu observar que células nervosas se comunicam com outras células; Santiago Ramón y Cajal, que demonstrou que os neurônios se comunicam entre si numa espécie de circuito (ver quadro da p. 329); ou Korbinian Brodmann, um grande cartógrafo do cérebro, que deu nome a cerca de 50 regiões do córtex e permitiu aos pesquisadores aprenderem uns com os outros, quando se dedicam ao estudo das mesmas áreas.

Em 1931, a invenção do microscópio eletrônico revelou novos detalhes da estrutura do cérebro, e assim mais descobertas se sucederam. É claro que, ao mesmo tempo, continuaram a circular algumas ideias erradas: do início do século XIX até meados do século XX era muito popular uma teoria chamada Frenologia, criada por Franz J. Gall, que se dizia capaz de adivinhar a personalidade e as características psicológicas de uma pessoa pela forma e pelo relevo da sua cabeça.

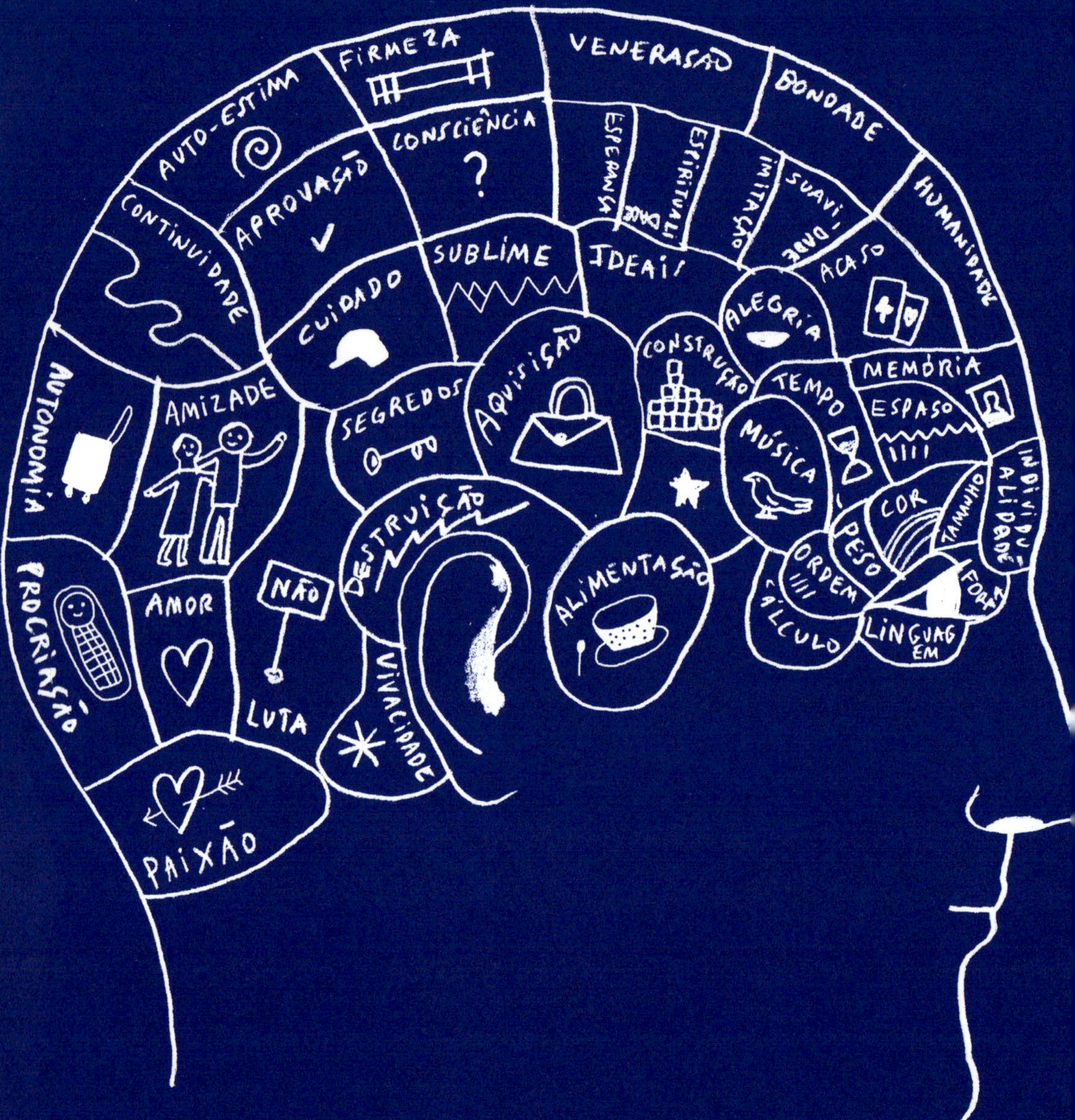

O cérebro visto por um especialista
em Frenologia.

Na época, mesmo as pessoas mais esclarecidas recorriam às consultas de Frenologia para tomar decisões, por exemplo, sobre o melhor emprego a escolher ou o melhor homem com quem se casar, o que hoje nos soa a algo parecido com "ler o destino" (o futuro nas linhas das mãos).

SANTIAGO RAMÓN Y CAJAL MERECE UM QUADRO EXTRA!!

Quando, 14 anos depois de ser inventado, o método de Golgi foi parar nas mãos do cientista espanhol Ramón y Cajal, deu-se uma revolução. Há quem diga que foi nesse momento que nasceu a neurociência moderna. Cajal provou, através das suas observações, que os neurônios são unidades individuais, com dendrites que se comunicam com outros neurônios, formando um circuito. Ou seja, seria esta a origem da teoria, ainda hoje válida, de que a informação circula no sistema nervoso através de redes de neurônios.

Ao ver as células do tecido
cerebral através do novo
método criado pelo colega,
Santiago ficou tão entusiasmado
que exclamou:
"Que espetáculo inesperado!".

NA VERDADE NÃO HÁ NADA QUE SE COMPARE A ELE

Ao longo da história, o cérebro foi sempre comparado com as tecnologias mais avançadas em cada época. No período da Revolução Industrial, o órgão era uma máquina a vapor muito engenhosa e complexa; mais tarde, seria comparado a uma espécie de central telefônica cheia de fios e ligações; quando apareceram os computadores, o cérebro não poderia ser outra coisa senão um extraordinário microcomputador; mais recentemente foi comparado à internet: e no futuro, vamos ver o que será...

IRM, TEP e MEG: três siglas que permitem ver melhor

Hoje, os neurologistas têm à disposição imagens por ressonância magnética (RMN), tomografias por emissão de positrões (TEP) e, repare neste nome, magnetoencefalografias (MEG). Apesar dessas formas de observação do cérebro ainda serem como uma janela de vidro um pouco embaçado, têm permitido saber cada vez mais.

Linha do tempo com as datas de nascimento de cientistas e pesquisadores:

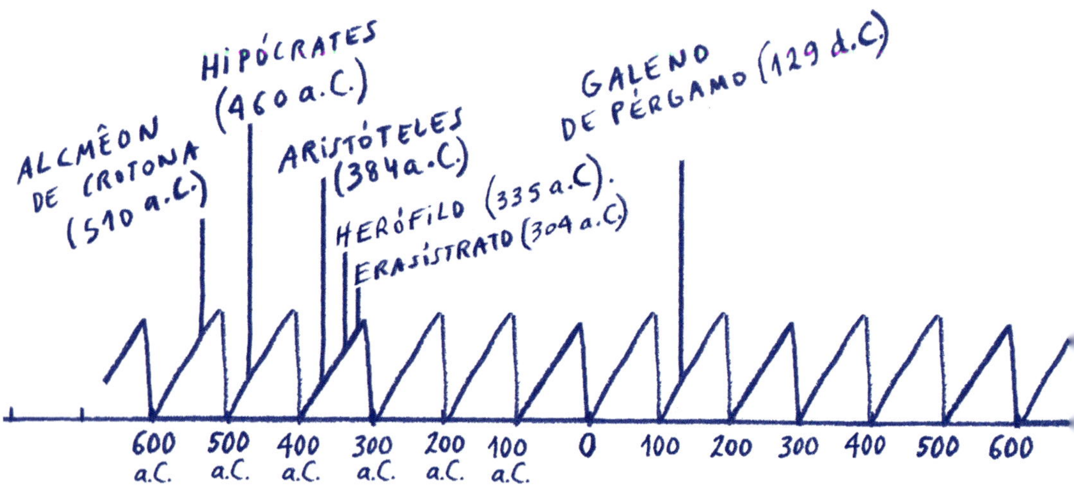

E quase chegando no futuro...

Uma das mais recentes descobertas dos cientistas chama-se optogenética, uma técnica que combina a ciência dos genes (genética) com a ciência que estuda a luz (ótica), juntando ainda um pouco de bioengenharia. A optogenética permite ativar neurônios específicos do cérebro e acompanhar os seus movimentos e ações em pleno funcionamento. O que entusiasma os cientistas é a possibilidade de essa técnica ser usada em tecidos vivos (por exemplo, em animais que se movem livremente) e obter informação de grande precisão.

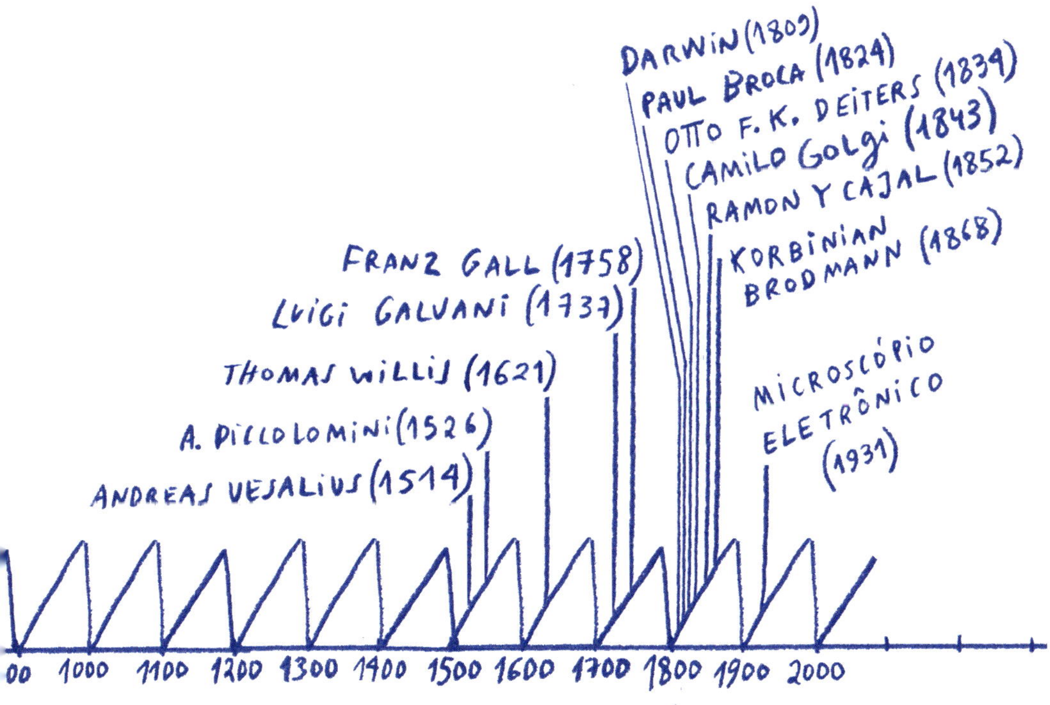

MAPAS

Será possível fazer um mapa do cérebro?

Identificar suas diferentes regiões e descobrir o papel de cada uma têm sido algumas das grandes missões das neurociências. Mas a tarefa é demorada e difícil.

Já se sabe muita coisa. Por exemplo, que existem zonas implicadas no movimento de partes concretas do corpo ou zonas que se especializaram em funções básicas, como respirar, digerir etc. No entanto, à medida que os estudos progridem, descobre-se que o cérebro não é uma casa com áreas isoladas, como às vezes imaginamos, mas antes um sistema, em que elementos simples conseguem, em conjunto, criar algo maior do que a soma das partes. Ou seja, é da atividade e da comunicação entre suas diferentes partes que resultam, por exemplo, as nossas emoções e tomadas de decisão, a criatividade, as experiências artísticas ou a própria consciência.

Nas próximas páginas você pode ver alguns mapas que te darão uma ideia da organização das principais áreas do cérebro.

Mapa do sistema nervoso

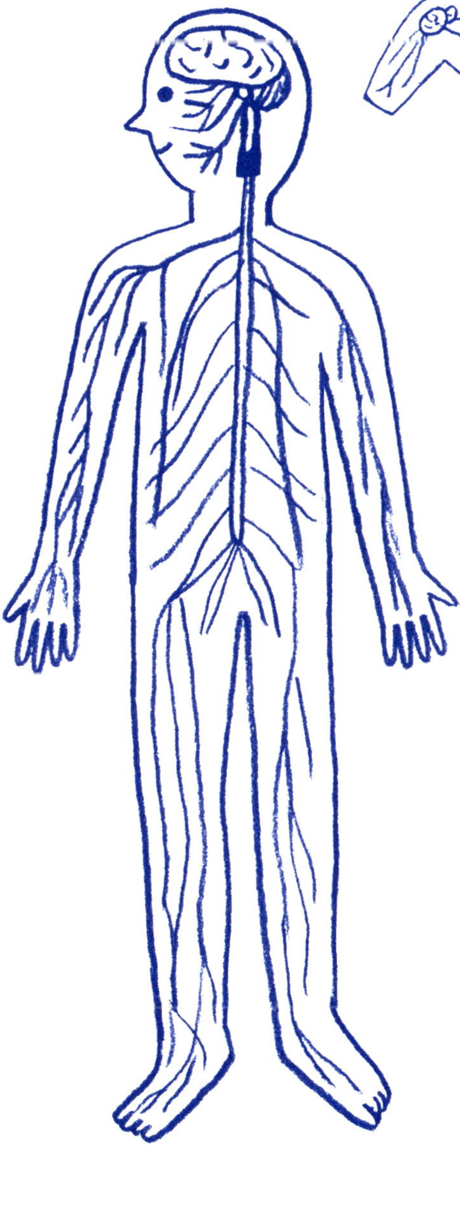

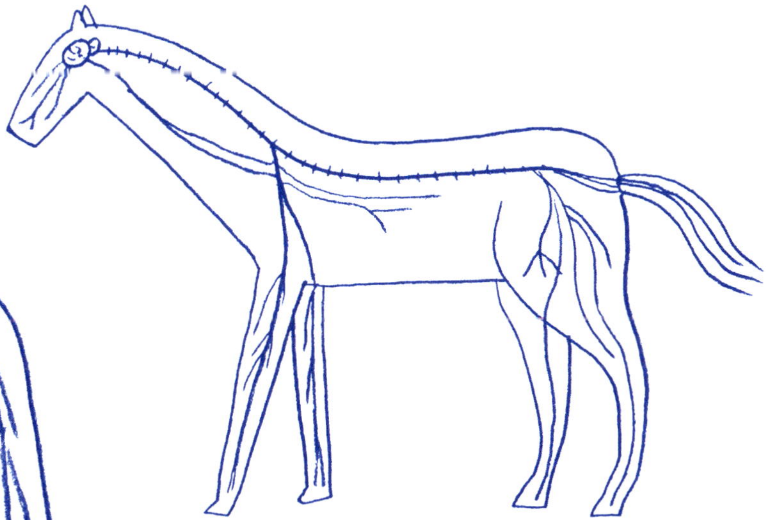

Todos os mamíferos têm um sistema nervoso composto por cérebro e medula espinal, uma espécie de autoestrada de comunicação que desce pelas costas e conduz os impulsos nervosos do cérebro para o resto do corpo
(e vice-versa).

Mapa dos hemisférios

Hemisfério esquerdo (1)

Hemisfério direito (2)

Corpo caloso (3)

(1) e (2) Hemisférios: as duas misteriosas metades da nossa laranja

São as duas metades em que está dividido o córtex. Sabe-se que o hemisfério direito controla o lado esquerdo do corpo e que o hemisfério esquerdo controla o lado direito, mas há muitos aspectos relacionados com as funções de cada lado que permanecem misteriosos. Pensa-se que o hemisfério direito esteja mais ligado ao pensamento abstrato (música, cores, formas, poesia) e que o hemisfério esquerdo seja responsável por áreas mais analíticas, como a matemática, a lógica ou a linguagem. Mas tudo isso ainda está em estudo.

(3) Corpo caloso, a ponte entre hemisférios

O mundo dos pensamentos passa-se entre os dois hemisférios do cérebro, as duas metades da laranja. Mas serão essas metades inimigas, oponentes ferozes, cada uma fazendo força para seu lado? Nem pensar. Os hemisférios trabalham em sinergia e, para isso, dialogam permanentemente. Esse diálogo só é possível porque entre os dois hemisférios existe uma ponte de fibras chamada corpo caloso, por onde passam milhões de comunicações entre os neurônios de um lado e de outro.

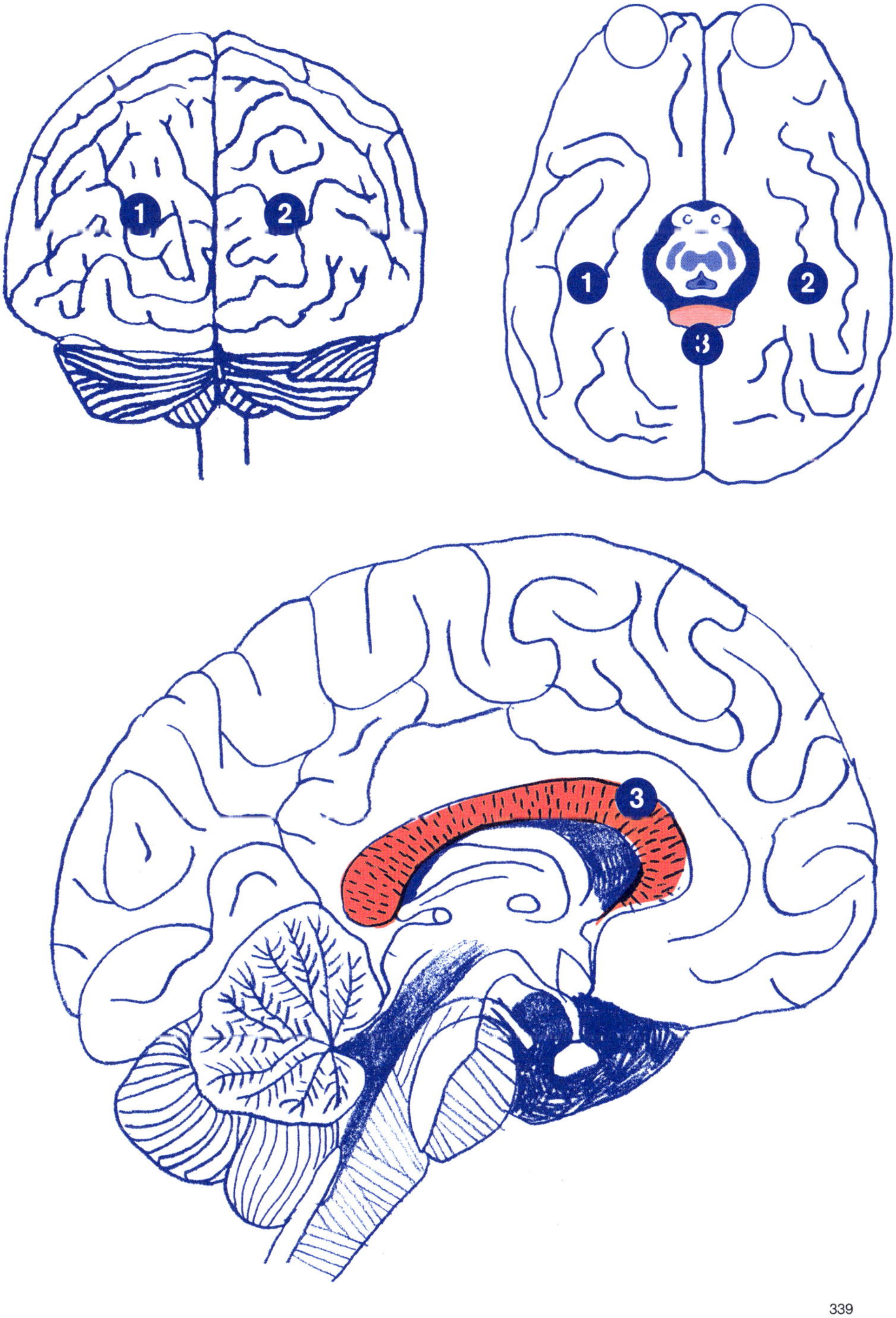
1
2
1
2
3
3

Mapa das 3 áreas principais do cérebro

1. Tronco cerebral
2. Cerebelo
3. Córtex (áreas corticais e subcorticais)

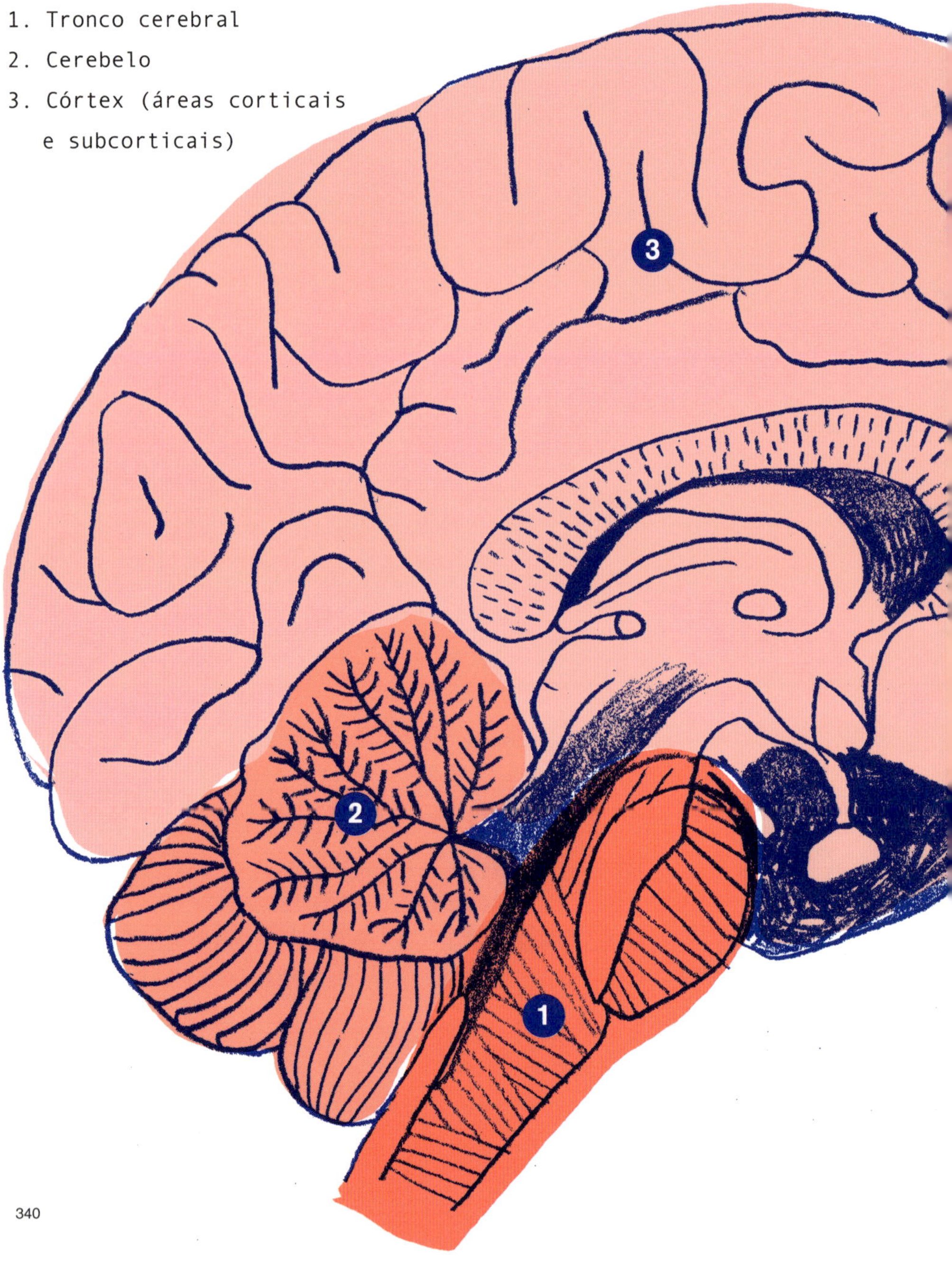

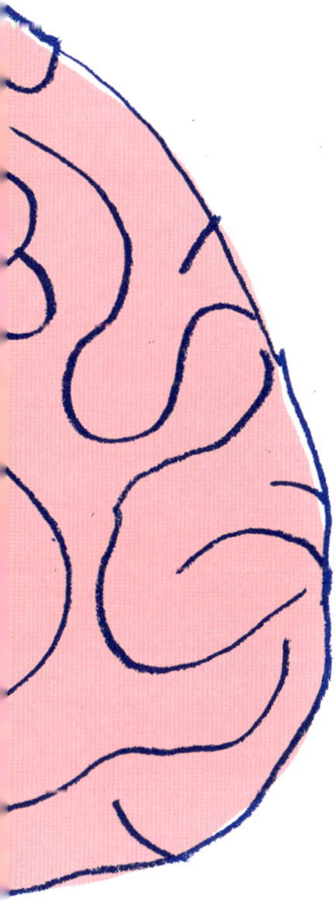

(1) Tronco cerebral: uma espécie de casa das máquinas

O tronco cerebral controla todas as funções vitais do corpo: regula os movimentos respiratórios, o ritmo cardíaco, a tensão arterial e a circulação sanguínea. É responsável por todos os movimentos automáticos, ou seja, por tudo aquilo que você não controla, como o batimento do coração, a respiração ou os movimentos digestivos. O tronco cerebral liga o cérebro à medula espinal, a tal autoestrada de comunicação que desce pelas costas.

(2) Cerebelo: para dançar com (muito ou pouco) estilo

O cerebelo, também chamado de "pequeno cérebro", fica na parte de trás da cabeça, por baixo do córtex. Em sintonia com o córtex motor, tem a importantíssima função de controlar os nossos movimentos, a coordenação motora e o equilíbrio. Embora só tenha um décimo do tamanho do cérebro, o cerebelo tem mais neurônios do que todas as áreas do cérebro juntas!

(3) Córtex (áreas corticais e subcorticais)

É a maior área do cérebro. Compreende o córtex pré-frontal, tão importante, por exemplo, para fazermos planos e tomarmos decisões, e o córtex motor, responsável por nossos movimentos voluntários. Compreende também as regiões que processam as informações trazidas pelos órgãos dos sentidos (córtex auditivo, visual ou sensorial e tálamo) e também a área ligada à aprendizagem e à memória (hipocampo) ou às emoções (amígdala), além de muitas outras.

Mapa das áreas corticais e subcorticais

1. Córtex pré-frontal
2. Córtex motor
3. Córtex auditivo
4. Córtex visual
5. Córtex sensorial

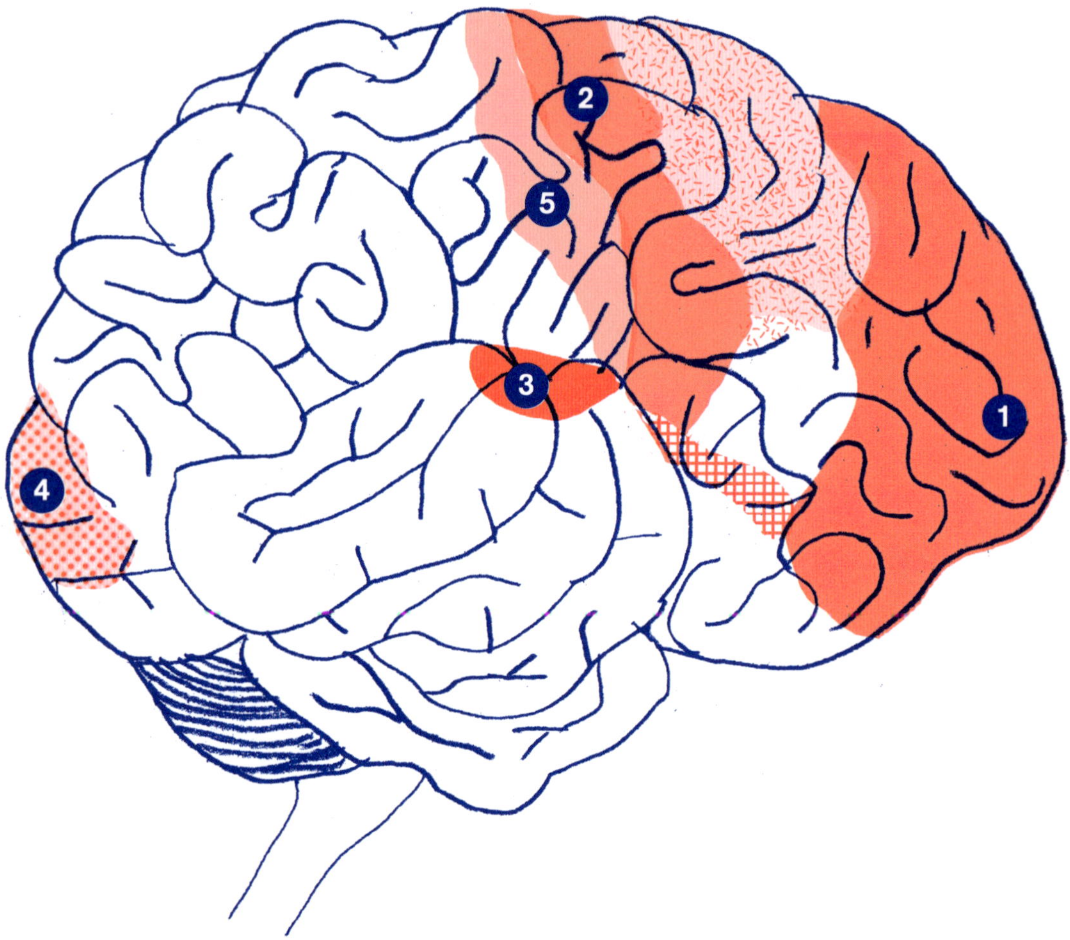

6. Tálamo
7. Hipocampo
8. Amígdala
9. Hipotálamo
10. Glândula pituitária

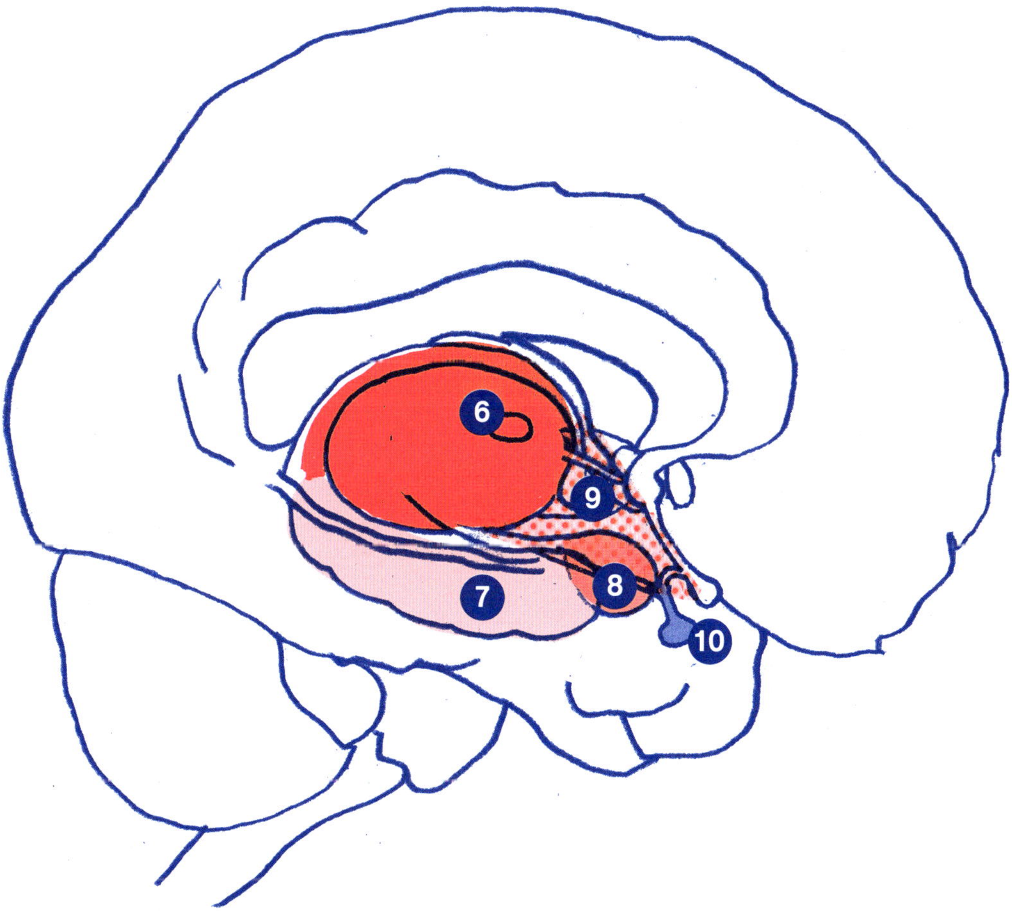

NOTA: O cérebro é um mundo! Só te mostramos aqui algumas zonas de referência, mas há muito mais áreas, mais glândulas, ventrículos etc.

(1) Córtex pré-frontal

Permite-nos tomar decisões, medindo prós e contras e indo buscar experiências passadas, por exemplo: "Tendo em conta o que aconteceu ontem, será melhor fazer já ou deixar para depois?".

(2) Córtex motor

Permite-nos movimentarmo-nos de forma consciente. Não só mexer braços e pernas, mas também realizar movimentos mais delicados, como as expressões faciais e os movimentos das mãos e da boca (para falar, por exemplo). O córtex motor se comunica permanentemente com o córtex sensorial seu vizinho, e com o cerebelo.

(3) Córtex auditivo

É responsável pelo reconhecimento de sons e tons. Consegue nos informar sobre a localização do som e identificar diferentes melodias.

(4) Córtex visual

Situa-se na parte de trás da cabeça (acima da nuca), portanto longe dos olhos. Recebe e interpreta a informação visual que recebemos, como a luz, as formas, a cor ou a direção de um movimento.

(5) Córtex sensorial

Recebe e interpreta as sensações enviadas pelos sensores da nossa pele e, portanto, ligadas ao tato, como temperatura, pressão, textura ou dor.

(6) Tálamo

Na verdade são dois tálamos, simétricos e ovais, um em cada hemisfério. Estão implicados em quatro sentidos humanos (só o olfato não passa por eles) e também nos mecanismos da dor e nas sensações de quente e frio. É o tálamo que cria uma ordem de prioridades para as informações dos sentidos e que as passa ao córtex (já pela ordem certa, claro).

(7) Hipocampo (lembre-se dele!)

O hipocampo trabalha na aprendizagem e na formação de memórias, em estreita colaboração com a amígdala (ligada às emoções). As experiências que mais te emocionam são as que o seu cérebro guarda por mais tempo. O hipocampo também está ligado à memória espacial.

Curiosidade: sua forma de cavalo-marinho deu origem ao nome (*hippocampus*, que em latim significa cavalo-marinho).

(8) Amígdala

Quando você tem medo ou quando fica zangado, é esta zona do cérebro em forma de amêndoa que fica mais ativa. Apesar da coincidência de nomes, esta amígdala não se encontra na garganta, mas sim no cérebro.

(9) Hipotálamo

O hipotálamo regula o sono, a temperatura corporal, controla o apetite e está ligado à reprodução.

(10) Glândula pituitária

Se os sapatos já não te servem a culpa é da glândula pituitária! A glândula pituitária (ou hipófise) é do tamanho de uma ervilha (pesa cerca de 1 grama) e uma das suas funções é produzir os hormônios responsáveis pelo crescimento.

E DAQUI PARA A FRENTE?

O cérebro continuará a evoluir e a mudar.
Hoje somos seres incomparavelmente mais sedentários do que na Pré-história, e o fato de, por exemplo, passarmos muitas horas por dia sentados em frente a um computador, recebendo e partilhando informações ou vendo centenas e centenas de imagens, com certeza irá mudar o modo como o nosso cérebro funciona. Não se sabe o que irá acontecer, mas uma coisa é certa: as nossas redes neuronais irão se reorganizar de acordo com as nossas necessidades.

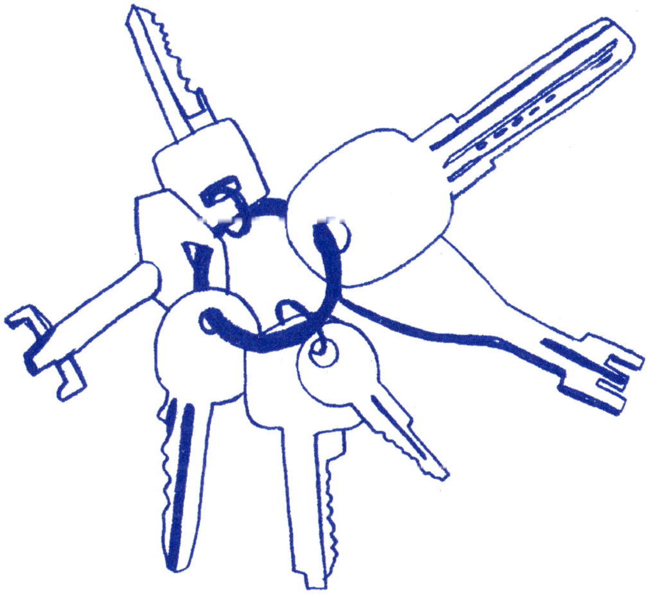

Mapa do neurônio

Os neurônios são as células predominantes do cérebro e são essenciais para a comunicação cérebro-corpo-cérebro.
Missão do neurônio: comunicar.
Missão do sistema nervoso (a rede de comunicações dos neurônios): gerar um comportamento, uma ação.

A todo o momento, os neurônios enviam sinais para as diferentes partes do corpo (órgãos, músculos, glândulas etc.), e, a todo o momento, recebem informações sobre o que se passa no corpo e à sua volta. Com essa resposta, enviam novas mensagens, sempre apurando a nossa percepção e o nosso comportamento em relação ao que se vai passando.

Observe o mapa do neurônio para perceber como tudo acontece.

Mapa do neurônio

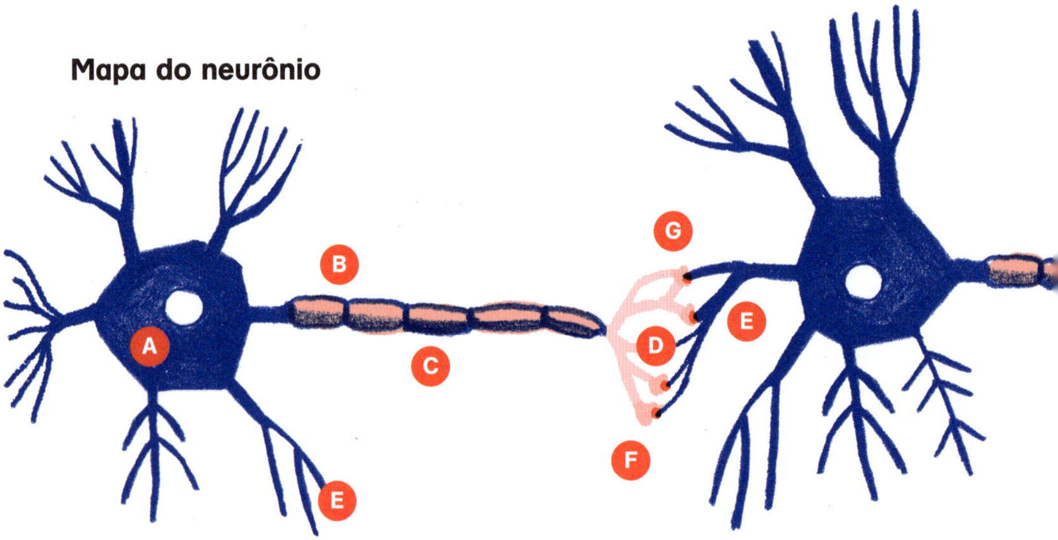

Como é que os neurônios se comunicam entre si?

1. Para se comunicar, os neurônios disparam um impulso elétrico que parte da soma **(A)** e atravessa o axônio **(B)** em alta velocidade para chegar ao neurônio seguinte, através da sinapse **(G)**.
2. Quando o sinal elétrico chega ao final do axônio, este libera neurotransmissores **(D)**, os tais mensageiros químicos que desempenham diferentes funções (veja a imagem na página seguinte). O mais incrível é o fato de os ramos dos neurônios — pontas do axônio **(F)** e dendrites **(E)** — não se tocarem, por existir entre eles um pequeno intervalo de espaço (20 nm),[17] o chamado intervalo da sinapse **(G)**. Ou seja, a comunicação realmente precisa dos neurotransmissores químicos para acontecer!
3. Quando os neurotransmissores ultrapassam este intervalo e chegam ao neurônio vizinho, agarram-se às moléculas das dendrites, que funcionam como receptoras das mensagens, e que imediatamente os reconhecem e reagem (gerando um novo sinal elétrico para o neurônio seguinte ou inibindo esse sinal).

17) Nanômetro, ou seja, milionésimo de milímetro.

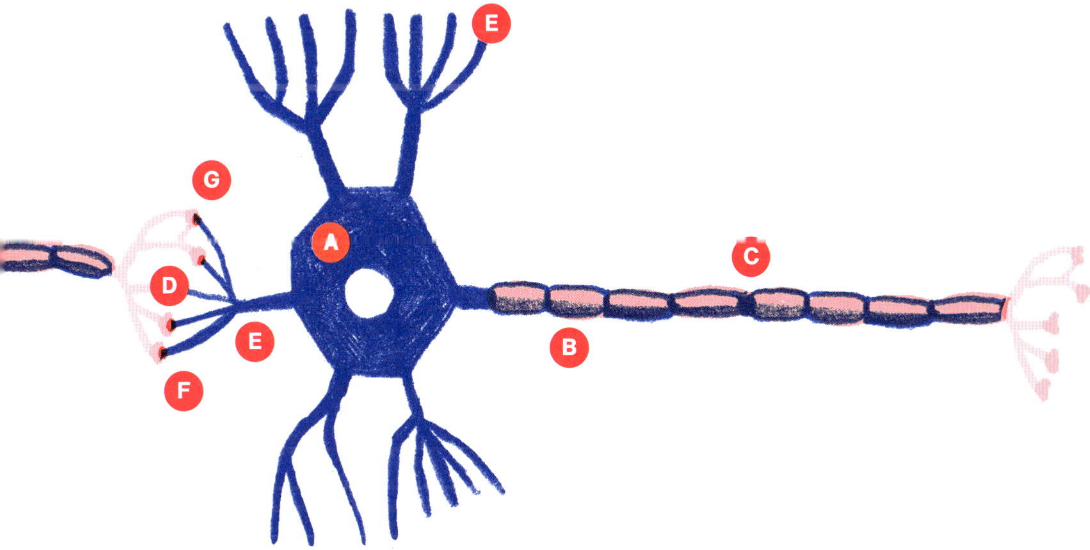

(A) Soma: corpo celular do neurônio.

(B) Axônios: fibras que conduzem o sinal neuronal para o neurônio vizinho. Funcionam como estradas que ligam os neurônios entre si.

(C) Mielina: camada que reveste os axônios e fortalece as ligações neuronais. Acelera a transmissão dos impulsos.

(D) Neurotransmissores: mensageiros químicos liberados pelos neurônios.

(E) Dendrites: ramos que recebem o sinal (vindo de outro neurônio).

(F) Pontas do axônio: terminações nervosas do axônio.

(G) Sinapse: ponto onde um neurônio passa o sinal para o neurônio seguinte. Os sinais podem ser apenas elétricos ou eletroquímicos (quando também são libertados neurotransmissores). A sinapse mais comum é a que envolve neurotransmissores.

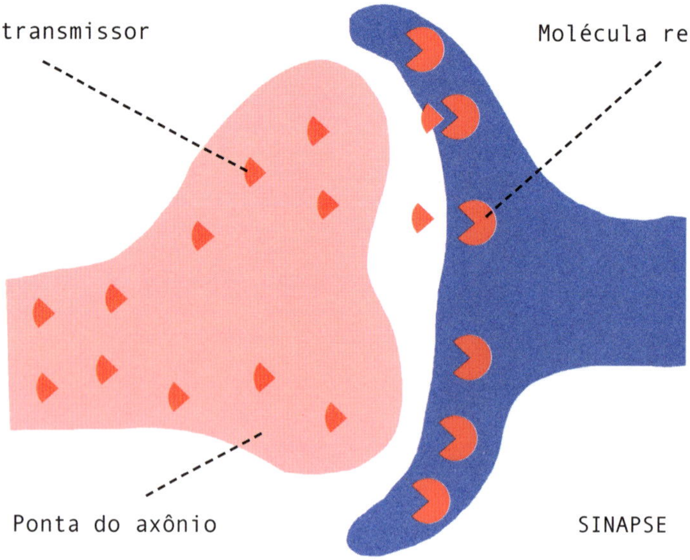

Um neurotransmissor é como uma chave que se encaixa numa fechadura — a molécula receptora.

A que velocidade viaja um impulso no cérebro?

Varia: pode viajar a 0,5 metros por segundo, mas também alcança os 120 metros por segundo (o que equivale a 432 km/h, ou seja, tão rápido como um avião.)

As viagens mais rápidas são feitas por axônios que estão revestidos por mielina, a tal camada protetora. Você está vendo os cabos brancos dos lustres que protegem os fios elétricos? Pois bem: a mielina é o cabo branco e os fios são um axônio.

A mielina forma-se quando estamos aprendendo (consciente ou inconscientemente). Depois, quanto mais usamos determinadas ligações entre neurônios, mais mielina cresce, tornando a condução do impulso mais rápida. Pense nas primeiras vezes que você andou de patins e compare com quando você já dominava essa arte. É caso para dizer "Obrigado, D. Mielina!".

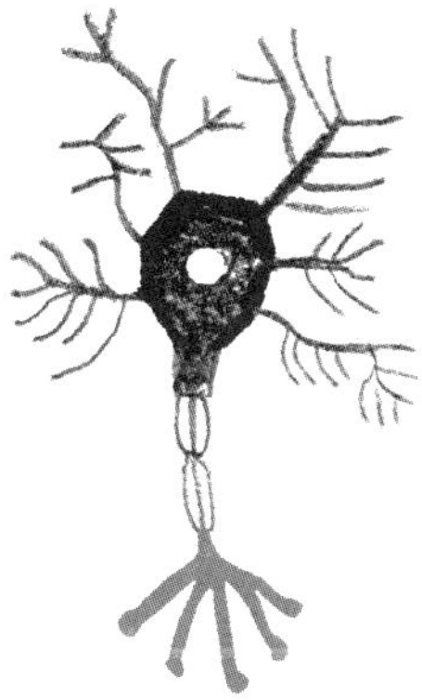

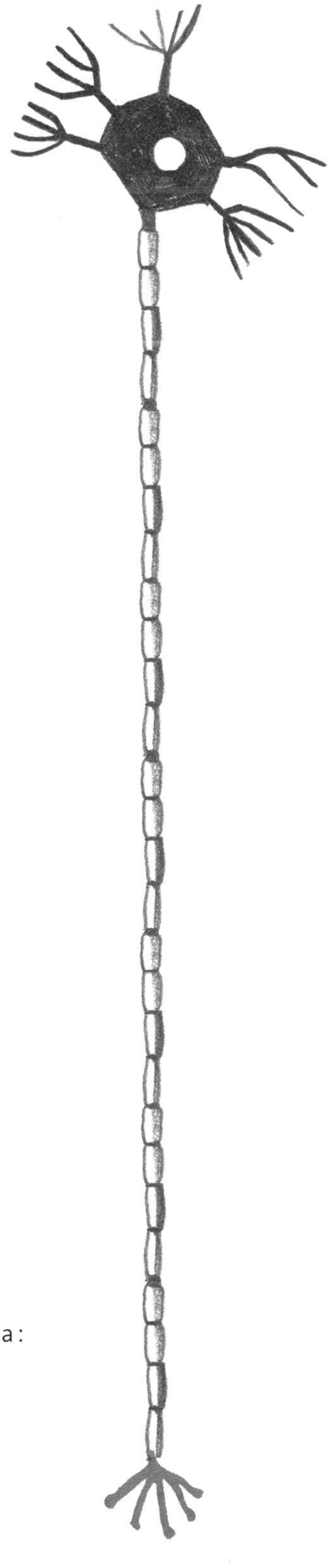

O comprimento de um axônio varia: pode ir de uma ínfima parte do centímetro até um metro!

Neurotransmissores: os mensageiros químicos do cérebro

Para os neurônios se comunicarem entre si não bastam estradas, são necessárias mensagens. Essas mensagens podem ser transmitidas através de impulsos elétricos e de substâncias químicas.

Existem mais de 100 neurotransmissores diferentes: uns excitam, outros inibem (acalmam) o cérebro. Estes são apenas alguns exemplos:

- **Serotonina:** ajuda a regular o humor, a digestão, o controle da dor ou o ciclo do sono. Também é importante para a nossa motivação. É produzida pelo sistema nervoso central, ou seja, no cérebro, mas encontra-se em maior quantidade — pasme — nos intestinos!

- **Dopamina:** estimula e é responsável pela nossa motivação. Quando nos sentimos recompensados pelo que estamos fazendo, é provável que ande dopamina à solta. Participa do movimento, das emoções e da liberação de hormônios.

- **Acetilcolina:** foi o primeiro neurotransmissor a ser descoberto. Participa dos movimentos voluntários, dos batimentos cardíacos, do sono, da memória e da atenção.

- **Noradrenalina:** participa da atenção, das emoções, do sono e da aprendizagem. É liberada como hormônio no sangue e aumenta os batimentos cardíacos.

- **Adrenalina:** participa do estado de alerta, da motivação, da atenção dirigida, do movimento, do controle da pressão arterial e da liberação de hormônios.

- **Endorfina:** promove a sensação de bem-estar, alivia as dores, contribui para o bom funcionamento do sistema imunológico.

Os neurotransmissores trabalham em conjunto para modular a atividade do cérebro.

Diferentes tipos de neurônios

Estes são os cinco tipos de neurônios mais comuns do córtex. Os que existem em maior abundância (de longe!) são os piramidais e os estrelados.

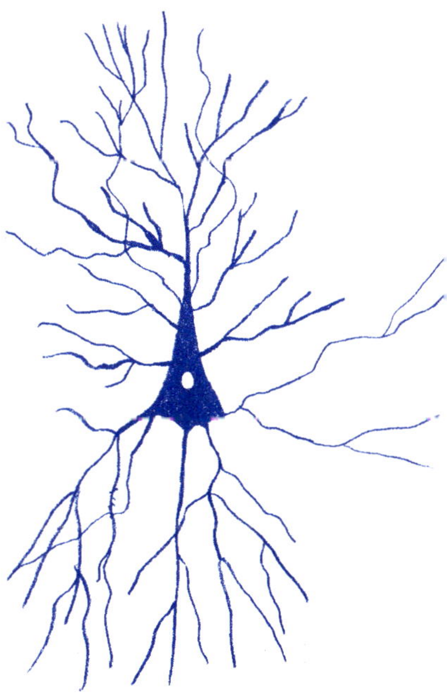

NEURÔNIOS PIRAMIDAIS

Têm o corpo celular em forma de pirâmide. Os maiores são os grandes neurônios motores que descem pela medula espinal e enviam informação, por exemplo, para os braços e pernas.

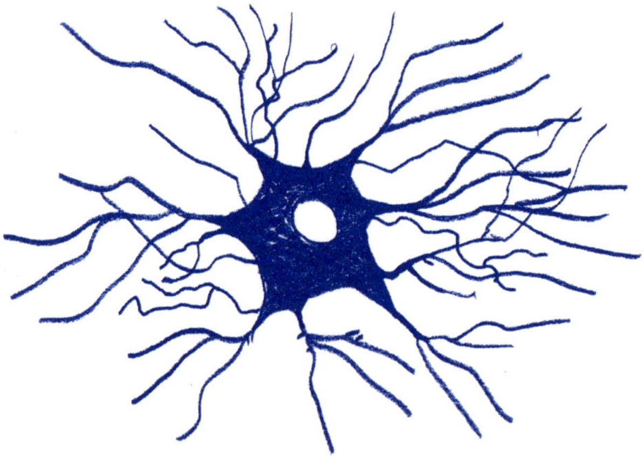

NEURÔNIOS ESTRELADOS

São neurônios pequenos com axônios curtos. Como têm várias dendrites que formam ramos, parecem ter a forma de uma estrela. Daí o nome.

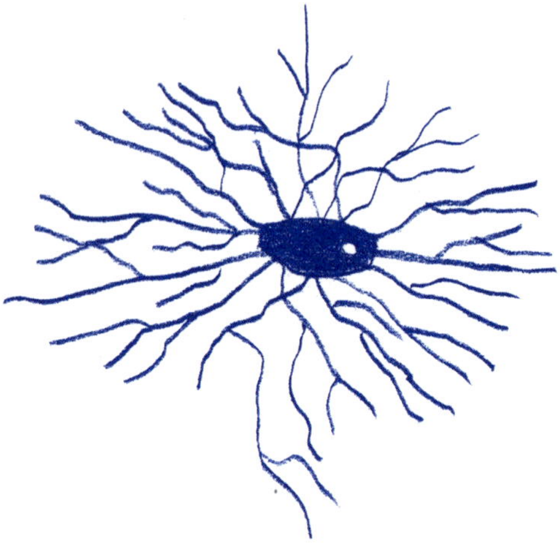

NEURÔNIOS DE MARTINOTTI

São pequenas células em forma de polígono com dendrites curtas. Existem em todas as camadas do córtex, exceto na superfície.

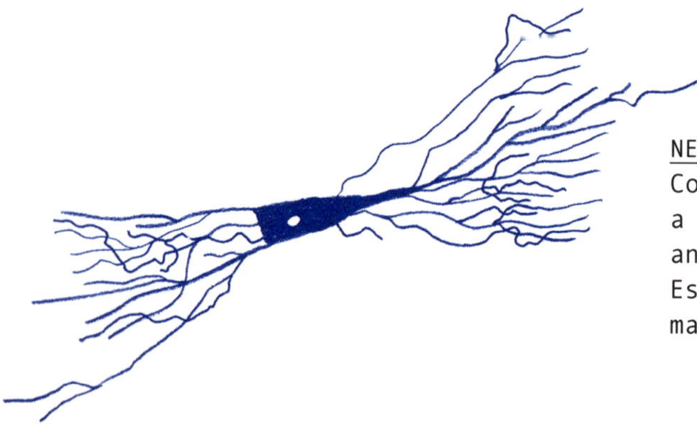

NEURÔNIOS FUSIFORMES

Como o nome indica, eles têm a forma de fuso (instrumento antigo usado para fiar a lã). Estão presentes nas camadas mais profundas do córtex.

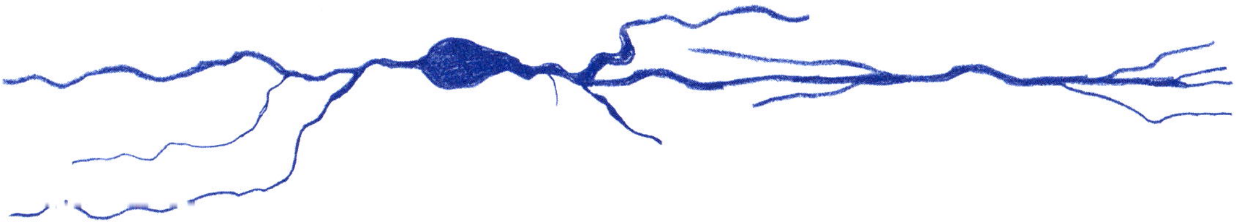

NEURÔNIOS HORIZONTAIS DE CAJAL
São o tipo menos comum. São pequenos, em forma de fuso e existem apenas na superfície do córtex, de onde fazem ligações às células piramidais.

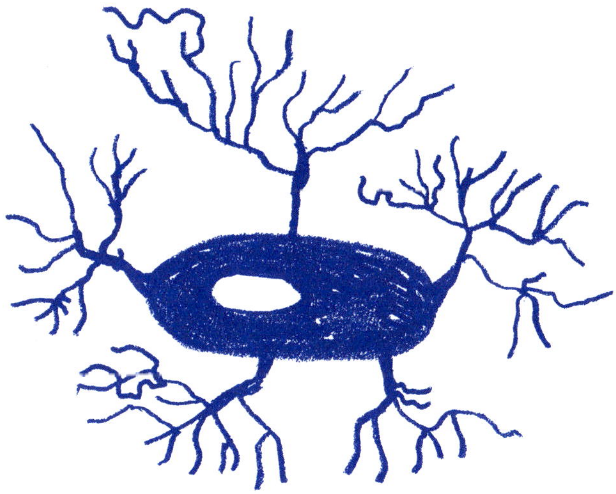

CÉLULAS DA GLIA
Além dos neurônios, existe outro grupo importante de células corticais: as glias,[18] grandes ajudantes dos neurônios.

Apesar de existirem em menor quantidade, as glias desempenham tarefas muito importantes. Por exemplo, transportam os nutrientes, limpam, digerem partes dos neurônios mortos e ajudam a manter os vivos no lugar!

18) Palavra do grego antigo que significa "ligação" ou "cola".

OLÁ (DAS AUTORAS)

As autoras

Isabel Minhós Martins e Maria Manuel Pedrosa

Trabalharam juntas na área da comunicação pedagógica, partilhando projetos de saúde, alimentação, educação para o consumo, ambiente e sustentabilidade.
Isabel Minhós Martins é fundadora da editora Planeta Tangerina e autora de livros, sobretudo álbuns ilustrados.
Maria Manuel Pedrosa é consultora na área da comunicação para o desenvolvimento sustentável.

Madalena Matoso

Madalena Matoso é também fundadora da editora Planeta Tangerina e autora de álbuns ilustrados. Estudou *design* de comunicação na Faculdade de Belas Artes de Lisboa e tipografia em Barcelona. Ganhou vários prêmios na área da ilustração, entre eles o Prêmio Nacional de Ilustração.

Isabel Minhós Martins

O que nos levou a querer fazer este livro.

Sempre achei incrível o fato de já termos viajado até outros planetas e o funcionamento do cérebro humano permanecer ainda tão misterioso. Ou seja, conhecermos o que é tão longínquo e desconhecermos o que nos é tão próximo. Em um nível mais pessoal, também pode nos acontecer o mesmo: sabermos muito sobre várias outras coisas, mas não dedicarmos muito tempo à descoberta de nós mesmos.

O que achei mais espetacular.

Verificar que é o cérebro que constrói para nós uma realidade a partir dos dados dos sentidos, e que essa realidade exterior é, na verdade, muito maior e mais complexa do que aquela que os sentidos nos trazem. Compreender que dentro do cérebro vive-se uma batalha constante entre o prazer imediato e os objetivos de longo prazo, e como é tão importante ter noção disso para conseguirmos ter as rédeas da nossa vida nas mãos.

O que achei mais intrigante.

Ter percebido que a missão principal do cérebro é aprender sempre mais, para, assim, poder tomar melhores decisões no futuro. E observar que a escola, tal como funciona hoje em muitos lugares do mundo, não consegue ir ao encontro desse desejo de conhecimento que existe naturalmente em todos os cérebros. O que podemos mudar (em nós mesmos e na escola) para que essa vontade inata de aprender não se perca pelo caminho?, pergunto eu, agora que este livro está quase no fim.

Maria Manuel Pedrosa

O que nos levou a querer fazer este livro.

O funcionamento do cérebro sempre me deixou perplexa, mas foi quando o meu filho Lucas sofreu uma doença neurológica cerebral, aos sete anos, que iniciei uma autêntica viagem de exploração diária: em qual zona do cérebro afetada está a dificuldade de compreender as emoções do outro? Se o processamento da memória deixou de funcionar bem, como surgiu a capacidade extraordinária para datas de nascimento?
Por isso, quando a Isabel me convidou para me juntar à escrita deste livro, me atirei com ela de cabeça. Tudo o que descobrimos, e em especial tudo o que ainda não se sabe, me fez ficar espantada por muitas horas e dias. Espantada pelo fato de o cérebro ser um órgão com tanto por desvendar. Prova disso é o cérebro do Lucas, de muitos Lucas, que, apesar das muitas lesões visíveis na ressonância magnética, avança, cresce e aprende, deixando todos de boca aberta (incluindo médicos e cientistas).

O que achei mais espetacular.

A plasticidade do cérebro, essa capacidade infinita de aprender e de se reajustar. O cérebro não aceita um "não" como resposta e tenta sempre explorar novos caminhos. A descoberta da plasticidade confirma que temos o de que precisamos para embarcar nos maiores desafios, sem desistir.

O que achei mais intrigante.

O fato de ainda só se conseguir observar o cérebro de forma rudimentar e incompleta. Quando se consegue observar alguma coisa, obtemos conclusões tão intrigantes como esta: o prazer de um abraço é um sinal eletroquímico! Nas revelações incríveis que nos são dadas pelas diferentes disciplinas das neurociências, não se entra na área reservada de cada um. O acesso a essa ilha de liberdade individual, o fazemos pelo encontro e o diálogo com os outros, com milhões de sinapses pelo meio.

Madalena Matoso

O que achei mais espetacular.

É difícil escolher. Uma das coisas que mais me fascinam é o fato de outras pessoas fazerem parte do cérebro de cada um de nós: não só pessoas que conhecemos, mas também autores que lemos, músicos que ouvimos, artistas que nos transformam (e até pessoas de quem nunca ouvimos falar). Todos eles contagiam o nosso cérebro, o que me faz pensar que o órgão é como uma construção comum infinita.

Também gosto da ideia de sermos o que vivemos ("Você é o que recorda. A memória é você"). Somos diferentes uns dos outros porque vivemos experiências diversas e vamos acumulando memórias diferentes ao longo da vida. É uma ideia que nos dá vontade de fazer coisas. Vai!

É incrível pensar que o cérebro está em construção ao longo de toda a vida e que a aprendizagem não existe sem curiosidade. Mesmo quando formos muito velhinhos e soubermos muitas coisas, se continuarmos curiosos, o nosso cérebro vai continuar a se transformar.

O que achei mais intrigante.

Na Grécia Antiga acreditava-se que os pensamentos e as emoções eram regulados pelo coração. É engraçado pensar nisso porque, hoje em dia, é tão óbvio que os pensamentos acontecem no cérebro que parece que conseguimos senti-los na cabeça.

Também me intriga como o cérebro humano evolui quando o embrião está na barriga da mãe: é espantoso como ocorre a produção em massa de neurônios e como eles vão se organizando numa estrutura tão complexa e inacreditável.

OLÁ (DOS REVISORES)

Ana Rita Fonseca
Doutorada em Neurociências, Programa Champalimaud de Neurociências e Universidade Nova de Lisboa.

O que a levou a ser neurocientista?
Motivam-me as perguntas mais do que as respostas e, aqui dentro, há sempre muitas perguntas. Acho que poderia ter sido outras coisas na vida além de neurocientista, mas fui ficando. Havia sempre uma nova pergunta, um novo desconhecido que eu não podia deixar de explorar. A minha área de investigação está incluída dentro dos processos de tomada de decisão. Significa que, no laboratório, eu observo, quantifico e analiso o comportamento animal à luz de um problema que envolve uma decisão.

Como saber mais sobre o cérebro pode nos ajudar?
O nosso cérebro nos dá o superpoder de nos adaptarmos. Sabermos que temos (fisiologicamente) a capacidade de mudar um comportamento que nos magoa e também de repetirmos um comportamento que nos faz sentir bem. Isso só pode nos dar a confiança de que há sempre, dentro de nós, um próximo passo, um caminho.

Gostaria que a próxima grande descoberta nesta área fosse...
Gostaria de saber quais os mecanismos que geram o "brincar" e por que essa atividade nos faz a todos — crianças, jovens e adultos — tão felizes.

Ana Valverde

Neurologista. Assistente graduada no Hospital Prof. Dr. Fernando Fonseca.

Qual foi o seu percurso?

À medida que fui conhecendo as diferentes áreas da medicina, a neurologia foi a que me seduziu mais, não só por ser aquela em que a observação clínica é fundamental para a identificação das doenças, como também por ter ainda muitos mistérios por resolver.

Houve outro aspecto que me atraiu: ao longo do tempo de uma doença podem existir mudanças que nos surpreendem. Isso demonstra, por um lado, a capacidade do nosso cérebro de recuperar e procurar caminhos alternativos e, por outro, a nossa incapacidade de, como médicos, conseguirmos compreender e prever tudo.

A minha área de trabalho são as doenças neurodegenerativas, nomeadamente as demências. Apesar de ainda estarmos longe da cura, na última década o caminho tem avançado e penso que assim continuará nos próximos anos.

Como é que saber mais sobre o cérebro pode nos ajudar?

A maior aprendizagem é reconhecer a existência de uma relação estreita entre o cérebro, onde reside o mais abstrato da existência humana, o pensamento e os sentimentos, e o resto do nosso organismo.

Gostaria que a próxima grande descoberta nesta área fosse...

Sou suspeita para falar, por causa da minha área de pesquisa. Gostaria, nos próximos anos, de poder oferecer tratamentos para as doenças neurodegenerativas que conseguissem parar e reverter os sintomas antes de os doentes perderem a sua identidade.

Dina Mendonça

Pesquisadora de filosofia do IFILNOVA, Faculdade de Ciências Sociais e Humanas da Universidade Nova de Lisboa.

O que a levou a seguir o caminho da filosofia?

Uma constante sensação de ignorância e um prazer indescritível pelas ideias. Cresci numa casa onde a conversa e a discussão de ideias eram fonte de encontro e de alegria. Acredito que é possível estender essa realidade a todo o meio escolar.

Depois do curso, fiz um mestrado de filosofia para crianças em Montclair State University, e mais tarde doutorado em filosofia na University of South Carolina.

As minhas áreas de investigação são a filosofia para crianças (filosofia da educação) e a filosofia das emoções (filosofia da mente). Quando trabalho nessas áreas, me sinto realizada, e quando escrevo artigos que podem ser lidos pela comunidade internacional, reforço a minha convicção da necessidade fundamental de pensar bem em comunidade.

Como saber mais sobre o cérebro pode nos ajudar?

Todo o conhecimento científico ajuda a tomar decisões mais informadas e a colaborar com os outros.

Gostaria que a próxima grande descoberta nesta área fosse...

Pensar bem, com outros, melhora e aumenta a qualidade do pensar.

Joana Rato
Pesquisadora de pós-doutorado em neuropsicologia,
Centro de Investigação Interdisciplinar em Saúde (CIIS),
Instituto de Ciências da Saúde, Universidade Católica Portuguesa.

O que a levou a ser psicóloga?

A vontade de estudar a mente surgiu desde muito cedo, na adolescência, ao acompanhar o trabalho delicado da minha mãe como professora de ensino especial. Fascinava-me a forma como ela "inventava" estratégias para que os alunos com tantas dificuldades conseguissem aprender.
Especializei-me em psicologia da educação, fiz estudos avançados em neuropsicologia clínica pela Universidade de Salamanca e desenvolvi o trabalho de doutorado dedicado à avaliação neuropsicológica de crianças em idade pré-escolar, com o Professor Alexandre Castro Caldas, no Instituto de Ciências da Saúde da Universidade Católica Portuguesa.
Atualmente a minha área de pesquisa insere-se num campo científico chamado *Mind, Brain and Education* (Mente, Cérebro e Educação), que aposta em projetos de investigação colaborativos entre as neurociências, a psicologia e a educação.

Como saber mais sobre o cérebro pode nos ajudar?

Hoje sabemos, por exemplo, que o cérebro possui uma plasticidade incrível e esse conhecimento aumentou o número de programas de reabilitação (especialmente quando há lesões) e alterou também a visão que considerava que se o aluno não adquirisse uma competência numa determinada idade, então ficaria para sempre impossibilitado de atingi-la.

Gostaria que a próxima grande descoberta nesta área fosse...
Como me preocupo bastante com as questões da educação, espero que se descubra mais sobre a forma como o cérebro aprende e se encontrem as melhores práticas de ensino para tirarmos o melhor partido do cérebro.

Patrícia Correia

Pesquisadora de neurociências no Laboratório Systems Neuroscience, do Champalimaud Centre for the Unknown (Programa Champalimaud de Neurociências), em Lisboa.

O que a levou a ser neurocientista?
A curiosidade de explorar o desconhecido! Desde cedo me questionei sobre o funcionamento do cérebro: Para que servem os sonhos? Como o cérebro vê cores? Como as memórias se organizam? Quase fui estudar psicologia, mas os mecanismos celulares venceram e fiz licenciatura em bioquímica.
A vontade de explorar o cérebro levou-me a fazer um doutorado em neurociências, e a curiosidade continua a crescer.
Eu investigo o papel da serotonina no comportamento e nas tomadas de decisão. Além dessa pesquisa, trabalho em projetos de comunicação de ciência e arte-ciência, como o projeto Raízes da Curiosidade, desenvolvido em colaboração com o Centro Cultural de Belém.

Como saber mais sobre o cérebro pode nos ajudar?
O conhecimento científico pode ajudar a melhorar o dia a dia de todos nós. Por exemplo, ao entendermos como o cérebro aprende, podemos desenvolver técnicas que nos façam aprender de modo mais eficaz.

Gostaria que a próxima grande descoberta nesta área fosse...

Há ainda muito por descobrir, por exemplo, na área das doenças neurodegenerativas, mas também em pesquisas mais "fundamentais". Eu tenho uma grande curiosidade em saber qual é a função do sono. Parece-me incrível que diversos animais passem tanto tempo dormindo, mas que ainda não se saiba qual é a sua função exata (claro que existem muitas teorias!).

Paulo Pires do Vale

Professor na Universidade Católica e na Escola Superior de Educadores de Infância – Maria Ulrich, onde coordena um curso de pós-graduação em práticas artísticas e processos pedagógicos. É também ensaísta e curador.

Qual o seu percurso? O que você faz? E por que escolheu esse caminho?

Comecei os estudos universitários em teologia, na Universidade Católica Portuguesa, e terminei a licenciatura em filosofia, na Universidade Nova de Lisboa, onde fiz o mestrado. Agora estou terminando o doutorado. Desde que me lembro me interessavam a arte e, em termos acadêmicos, a filosofia e a estética, mas nunca pensei em ser curador. No entanto, ao responder (acertadamente, diria hoje) a situações concretas e inesperadas, surgiu a curadoria como expressão, algo que me realiza. Uma exposição me permite cruzar a multiplicidade de interesses que tenho e o que sou: investigar, ler, pensar, escrever, juntar tempos e gêneros artísticos diferentes, ensinar, aprender, estar com outros... Uma exposição é, para mim, um ensaio em que a experiência sensível e a inquietude intelectual se cruzam.

A relação mais intensa com o mundo da arte foi, antes de mais nada, uma influência amorosa, pois a minha mulher, Marta Wengorovius, é artista: o aprofundamento da arte contemporânea em mim se deu com ela, numa conversa infinita que continua até hoje.

Como a arte e as experiências estéticas podem contribuir para a nossa vida?

Isso se dá conforme as obras e a situação de cada um de nós. A arte pode nos lembrar que não somos apenas seres produtores (*homo faber*), nem apenas seres de conhecimento (*homo sapiens*), mas que a nossa existência é mais ampla e inclui o lúdico e o corpo, os sentidos e os afetos. A arte pode também nos permitir acessar, humildemente, o que nos ultrapassa e não dominamos, a nossa fragilidade e vulnerabilidade. Pode nos lembrar, também, que somos seres políticos, de comunidade, que vivemos com outros e somos responsáveis por eles. As obras de arte podem pôr em xeque lugares comuns tidos como certos, desequilibrar, comover, irritar. Podem abrir em nós uma clareira para acolhermos o que é diferente; e nos permitem descobrir o que, sem elas, não tocaríamos, no mais fundo de nós mesmos. Assim, quando acontece o encontro entre uma obra e uma pessoa — e para que aconteça não basta estarem no mesmo lugar —, o horizonte de possibilidades do indivíduo se abre e ele descobre uma existência maior, que antes desconhecia. A experiência estética da beleza dá uma contribuição notável à nossa existência: faz-nos sentir que tudo se encaixa e que nós nos encaixamos no mundo, ao contrário da experiência habitual de desacerto.

Gostaria que a próxima grande descoberta na área das neurociências fosse...

Uma surpresa, algo que eu não esteja à espera.

Fontes

Para escrevermos este livro, lemos muitos artigos e livros sobre o cérebro. Estas foram as principais fontes consultadas:

SITES

Brain Facts
http://www.brainfacts.org/

BioEdOnline
http://www.bioedonline.org/lessons-and-more/resource-collections/neuroscience-the-learning-brain-and-brainlink/

Dana Foundation
http://www.dana.org/

Frontiers in Human Neuroscience
http://home.frontiersin.org/

Neuroscience for Kids
http://faculty.washington.edu/chudler/neurok.html

Neuroscience in the classroom /Annenberg Learner
http://www.learner.org/courses/neuroscience/

Scientific American
http://www.scientificamerican.com/

The Big Picture
https://bigpictureeducation.com/thinking

The National Center for Biotechnology Information
http://www.ncbi.nlm.nih.gov/

The New York Times/ Gray matter
http://www.nytimes.com/column/gray-matter

The New Yorker/ On the brain
http://www.newyorker.com/topics/on-the-brain

LIVROS

António Damásio, **O Livro da Consciência**: **A construção do cérebro consciente**. Lisboa: Temas e Debates, 2010.

David Eagleman, **The Brain, the Story of You**. Endiburgo: Canongate Books, 2016.

Gonçalo M. Tavares, **Atlas do corpo e da imaginação**. Alfragide: Caminho, 2013.

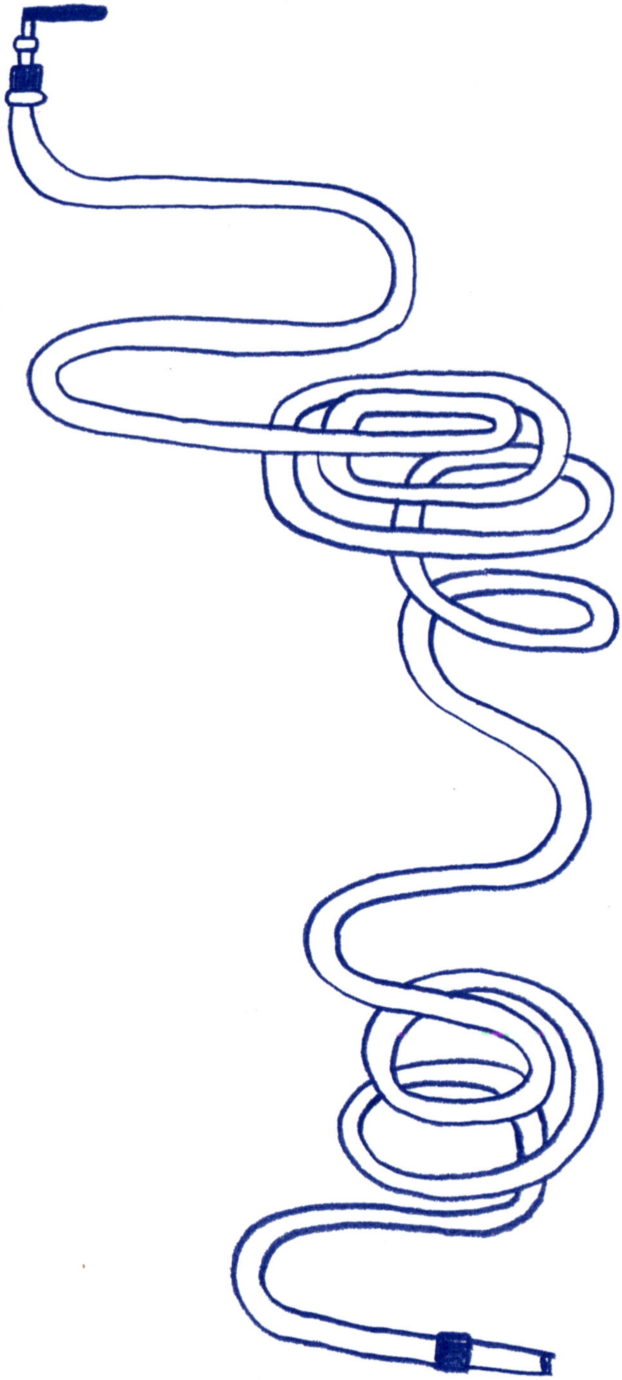